Etablierung nachhaltiger Landnutzungsformen am Biodiversität-Hotspot 29 in Mecklenburg-Vorpommern. Faktoren, Barrieren und Motivationen

Sina Kreißig

Bibliografische Information der Deutschen Nationalbibliothek:

Die Deutsche Nationalbibliothek verzeichnet diese Publikation in der Deutschen Nationalbibliografie; detaillierte bibliografische Daten sind im Internet über http://dnb.d-nb.de abrufbar.

ISBN: 9783346636652
Dieses Buch ist auch als E-Book erhältlich.

Das Buch bei GRIN: https://www.grin.com/document/1184104

Institut für Geographie und Geologie der Universität Greifswald

Fallstudie und Praktikumsbericht zum Projekt
„Vernetzte Vielfalt an der Schatzküste"

Praktikumszeitraum: 14.04. – 30.09.2021

Faktoren, Barrieren und Motivationen für die Etablierung nachhaltiger
Landnutzungsformen am Beispiel des Biodiversität-Hotspots 29

Sina Kreißig
M.Sc. Nachhaltigkeitsgeographie, 5. Fachsemester

Abgabedatum: 26.10.2021

Inhaltsverzeichnis

Abbildungsverzeichnis

Hinweis der Redaktion: Aus urheberrechtlichen Gründen sind diese Abbildungen nicht in der Publikation enthalten.

1 Einleitung

Mit einem Ausstoß von rund 12 % klimaschädlicher Treibhausgase gehört die Landwirtschaft zu den Hauptverursachern der sich zuspitzenden Klimakrise, nach dem Energie- und Mobilitätssektor (WORLD RESOURCES INSTITUTE 2021: o.S.). Die hierdurch ausgelösten ökologische Probleme, wie Dürren, Starkregen, Erosion oder der Verlust der Biodiversität schaffen gleichzeitig negative Rückkopplungseffekte für die Branche. Somit stellt die Landwirtschaft nicht nur eine Ursache der ökologischen Krise dar, sondern ist gleichzeitig auch davon betroffen (OPPERMANN et al. 2018: 20f.). Die anthropogene Abhängigkeit einer gesicherten Lebensmittelversorgung hebt die Relevanz einer nachhaltigen, ökologisch verträglichen Nahrungsmittelproduktion hervor. In diesem Kontext soll sich die vorliegende Arbeit auf die Perspektive der Landwirt*innen und Landnutzer*innen beziehen, um letztlich an den Stellen anzusetzen, an denen die Landnutzung aktiv gestaltet wird (KNIERIM; SIEBERT 2005: 496f.). Speziell geht es in der Fallstudie um den Biodiversität-Hotspot 29 in Mecklenburg-Vorpommern, ein besonders artenreiches Gebiet, das sich über die Vorpommersche Boddenlandschaft sowie die Rostocker Heide erstreckt. Denn auch hier wirkt sich der zunehmende Nutzungsdruck auf die Kulturlandschaft negativ auf die Vielfalt von Arten und Lebensräumen aus (OSTSEE-STIFTUNG 2021: o.S.). Die Forschung zu diesem Thema ist besonders wichtig und relevant, da ohne Motivation und Einsatzbereitschaft der landwirtschaftlichen Betriebe keine weitreichende Agrarwende möglich ist. Diese Transformation ist jedoch notwendig, weil die Landwirtschaft einerseits zur Klimakrise beiträgt und die Menschheit zugleich von deren Produktion abhängig ist.

Ziel der Fallstudie ist es, Kernfaktoren zu identifizieren, die Landnutzer*innen darin beeinflussen, ob sie Maßnahmen zum Erhalt und zur Förderung von Biodiversität in ihrer Praxis integrieren oder nicht. Durch die Untersuchung soll ein möglichst realistisches Bild davon gezeichnet werden, wie der Alltag für Landwirt*innen im Zwiespalt von Agrarpolitik, Wirtschaftlichkeit und gesellschaftlichem Druck aussieht. Es soll aufgezeigt werden wo Problemfelder liegen, was Landwirt*innen antreibt und wie sie selbst ihre Situation und Handlungsfähigkeit einschätzen. Dadurch soll herausgearbeitet werden, wo Ansatzpunkte für Verbesserungen bestehen, die mehr nachhaltige Landnutzung ermöglichen.

Im ersten Teil der Arbeit werden die Rahmenbedingungen und Tätigkeiten des Praktikums, persönliche Erwartungen sowie das Projekt Vernetzte Vielfalt näher beschrieben (Kap. 2). Danach erfolgt eine kurze persönliche Evaluierung der Praxiserfahrung. Im zweiten Teil werden forschungsrelevante Aspekte der Fragestellung betrachtet und in den thematischen wissenschaftlichen Kontext eingeordnet (Kap. 3). Hierfür werden zunächst das Thema und die Forschungsfragen erläutert. Dann wird das methodische Vorgehen erklärt, welches aus qualitativen Interviews sowie einem Literaturüberblick besteht. Im Anschluss daran werden die Ergebnisse von Literaturreview und Befragungen dargestellt und miteinander verglichen. Abschließend folgt ein zusammenfassendes Fazit zur Fallstudie sowie ein Ausblick für weitere Forschungsmöglichkeiten (Kap. 4).

2 Beschreibung des Praktikums

Das Pflichtpraktikum wurde am Institut für Geographie und Geologie absolviert. Im Fokus der Tätigkeiten stand dabei das Projekt Vernetzte Vielfalt an der Schatzküste, worauf sich auch die wissenschaftliche Ausarbeitung (ab Kap. 3) bezieht. Inhaltlich geht es um die biologische Vielfalt und deren Schutz in der Landwirtschaft. Das Projektgebiet umfasst den Biodiversität-Hotspot 29 in Mecklenburg-Vorpommern. Das Praktikum begann am 14.04.2021 und endete zum 30.09.2021. Nachfolgend werden die Rahmenbedingungen, Projektinhalte sowie Praktikumsaufgaben im Detail beschrieben.

2.1 Kontext und Erwartungen

Für das Vernetzte Vielfalt Projekt habe ich mich aus mehreren Gründen entschieden. Zum einen, weil es noch in der Anfangsphase steckt und ich so mitbekommen konnte, wie Forschungsprojekte von Beginn an ablaufen und geplant werden, was es dabei zu beachten gibt und welche Schwierigkeiten auftreten können. Dies waren auch einige der Erwartungen, die ich an das Praktikum hatte. Darauf gehe ich im Verlauf des Abschnitts noch genauer ein. Ein weiterer Entscheidungsgrund für Vernetzte Vielfalt war die inhaltliche und methodische Ausrichtung. Neben verschiedenen anderen Nachhaltigkeitsthemen, fand ich den Bereich der Landwirtschaft immer schon spannend und auch sehr relevant in Bezug auf die gesamte Klimaschutzdebatte, was mir im Verlauf meines Masterstudiums noch klarer wurde. Da Landwirtschaft einen großen Anteil an klimaschädlichen Treibhausgasen und anderen ökologischen Problemen hat, sehe ich hierin eine wichtige Stellschraube im Weg aus der Klimakrise. In meinem Masterstudium habe ich in mehreren Seminaren, u.a. zu nachhaltiger Landnutzung, in der Theorie erfahren, dass es häufig Landnutzungskonflikte bei der Umsetzung von Umweltschutzmaßnahmen gibt und dabei immer mehrere Beteiligte und Parteien eingebunden werden müssen. Dies in der Praxis mit zu erleben, hat mich sehr interessiert und für das Praktikumsprojekt motiviert. Im Fall von Vernetzte Vielfalt waren die Hauptbeteiligten die Landwirt*innen, deren Ansichten und Erfahrungen wir direkt durch die Interviews mitbekommen konnten sowie indirekt verschiedene Behörden und Naturschutzorganisationen. Im Projekt geht es spezifisch um das Thema Biodiversitätsschutz, was für mich noch recht neu war, aber nicht minder relevant ist. Es geht aber nicht nur um den Erhalt der biologischen Vielfalt, sondern, wie der Projektname verrät auch um Vernetzung. Dies bezieht sich sowohl auf die Vernetzung von Lebensräumen und Biotopen als auch auf Kooperation und Zusammenarbeit verschiedenster Beteiligter, wie den Landnutzer*innen, Ämtern, NGOs und Privatpersonen. Zudem bezieht sich Vernetzte Vielfalt auf die Region rund um die Vorpommersche Boddenlandschaft und Rostocker Heide, also eine von Schutzgebieten geprägte Landschaft. Dies hat mich ebenfalls sehr angesprochen, weil ich diese Landschaft sehr spannend, vielfältig und schön finde. Die genaue Beschreibung der Projektinhalte und des Forschungsgebiets folgt in Kapitel 2.2. Die qualitative Herangehensweise war für mich ebenfalls ein positiver Aspekt, da mich die qualitative Forschung besonders interessiert und ich in diesem Bereich noch mehr Erfahrungen sammeln wollte.

Wie bereits erwähnt, hatte ich die Erwartung, einen Einblick in die Planung und Durchführung eines Forschungsprojekts zu erhalten und vor allem auch in die Feldarbeit, also Vorbereitung und Durchführung von Befragungen sowie deren Auswertung. Ich habe mir zudem erhofft, etwas über (nachhaltige) Landwirtschaft im Zusammenhang mit Schutzgebieten zu lernen. Nicht zuletzt war auch eine Motivation für mich, noch mehr über meine Wahlheimat Mecklenburg-Vorpommern im Bereich der Landnutzung zu erfahren, da dieses Bundesland und speziell der Biodiversität-Hotspot 29 eine ganz besondere und für Landwirt*innen durchaus herausfordernde Landschaft darstellt.

2.2 Das Projekt *Vernetzte Vielfalt*

Das Projekt Vernetzte Vielfalt ist am Lehrstuhl für Nachhaltigkeitswissenschaft und Angewandte Geographie angesiedelt. Geleitet wird der Lehrstuhl von Frau Prof. Dr. Stoll-Kleemann und beschäftigt derzeit ca. 9 Mitarbeitende sowie mehrere Promovierende und studentische Hilfskräfte.

Mittelpunkt der Praktikumstätigkeit wie auch der Fallstudie war das Vorhaben mit dem vollständigen Titel Vernetzte Vielfalt an der Schatzküste im Hotspot 29 Vorpommersche Boddenlandschaft und Rostocker Heide (Mecklenburg-Vorpommern), bei dem die Universität Greifswald, neben vielen weiteren Kooperationspartner*innen, als einzige wissenschaftliche Institution mitarbeitet. Die Projektlaufzeit begann am 1. Januar 2021 und geht voraussichtlich bis 31. Dezember 2026. Vernetzte Vielfalt steht also noch ganz am Anfang, baut jedoch auf Erkenntnissen des vorangegangenen Verbundvorhabens Schatz an der Küste (2014-2020) auf. Antragstellerin und koordinierende Verbundpartnerin ist die Naturschutzstiftung Deutsche Ostsee OSTSEESTIFTUNG mit Sitz in Greifswald. Weitere mitwirkende Akteure sind der WWF (Ostseebüro), der BUND (Landesverband MV), der NABU (Landesverband MV), die Michael Succow Stiftung aus Greifswald, der Förderverein Nationalpark Boddenlandschaft, die Kranichschutz Deutschland gGmbH und die Hansestadt Rostock (Stadtforstamt). Finanziert wird das Vorhaben zu einem kleinen Teil aus Eigenmitteln der Verbundpartner*innen und zum Großteil aus Fördermitteln, genauer gesagt dem Bundesprogramm Biologische Vielfalt. Die geplanten Gesamtausgaben belaufen sich auf knapp 9,5 Mio. € (OSTSEESTIFTUNG 2020: 2).

Das Projekt hat die langfristige Zielsetzung, „den Rückgang der biologischen Vielfalt im Projektgebiet durch das Zusammenspiel von intakten Lebensräumen mit vernetzten Biotopen und kommunaler Biodiversität zu verringern" (OSTSEESTIFTUNG 2020: 2). Hierzu verfolgt Vernetzte Vielfalt drei Leitziele, die mithilfe von 12 verschiedenen Projektmaßnahmen erreicht werden sollen (OSTSEESTIFTUNG 2020: 6):

> ➤ Leitziel 1 beinhaltet die Entwicklung von Lebensraumnetzen und Habitatverbundsystemen mit Wanderkorridoren.
> ➤ Leitziel 2 setzt den Fokus auf der ökologischen Verbesserung einzigartiger Küstenlebensräume, Feuchtgebiete und organischer Böden.
> ➤ Leitziel 3 forciert die Erhöhung der biologischen Vielfalt in den Kommunen durch aktives Naturerleben und -erforschen sowie Mitmachangebote und Wissensvermittlung.

Wichtig für den Erfolg des Vorhabens sind nicht nur die naturschutzfachlichen Maßnahmen sowie Datensammlungen. Vor allem auch Öffentlichkeitsarbeit und damit die Einbindung unterschiedlicher Beteiligter aus der Zivilgesellschaft in die Aktivitäten, wie z.B. Kommunen, Vereine und Privatpersonen, sind relevant für das Gelingen. Hierfür werden von allen Partnerorganisationen für deren jeweilige Maßnahmen Kommunikationsmaterialien erstellt, um alle Interessierten über Projektziele, Ergebnisse und Mitmach-Möglichkeiten zu informieren. Nur durch die Zusammenarbeit mit regionalen Beteiligten können die umgesetzten biotopverbessernden Maßnahmen und Vernetzungen auch über die Laufzeit hinaus bestehen und wirken. Die Universität Greifswald beteiligt sich im Projekt an zwei konkreten Maßnahmen, die beide auf das dritte Leitziel ausgerichtet sind. Die erste Maßnahme mit dem Titel *Vernetzte Vielfalt –*

erforscht! soll gemeinsam mit dem NABU durchgeführt werden. Mithilfe sogenannter Citizen Science Projekte soll hierbei eine Strategie erarbeitet werden, wie Menschen dazu bewegt werden können, sich ehrenamtlich im Naturschutz zu engagieren, speziell bezogen auf die als Schatzküste bezeichnete Hotspot-Region (OSTSEESTIFTUNG 2020: 14).

Für die zweite Maßnahme *Vernetzte Vielfalt – motivieren und profitieren!* ist die Universität allein verantwortlich. Hier liegt das Forschungsinteresse auf einer umfassenden Analyse von Hemmnissen psychologischer, soziologischer und ökonomischer Natur, die Landwirt*innen davon abhalten mehr nachhaltige und biodiversitätsfördernde Landnutzungsformen zu integrieren. Dabei geht es nicht nur darum, monetäre Vorteile zu schaffen, sondern auch eine neue, zukunftsgerichtete regionale und soziale Identität. Für die Durchführung und Umsetzung dieser Maßnahme sind vier Schritte geplant. Zunächst ist eine ausführliche Literaturrecherche vorgesehen, darauf aufbauend sollen Expert*innen-Interviews mit Vorbild-Betrieben durchgeführt werden, dann eine Befragung aller Landwirt*innen im Hotspotgebiet und zuletzt wird es Fokusgruppen geben, in denen Konzepte zur Umsetzbarkeit erarbeitet werden sollen. Abschließend wird auf Basis dieser Datensammlungen ein Leitfaden mit Handlungsvorschlägen erarbeitet (OSTSEESTIFTUNG 2020: 15f.). Für den Praktikumszeitraum war vor allem die Literaturrecherche relevant und die Durchführung einer zusätzlichen, nicht explizit im Konzept erwähnten Vorbefragung bei einigen Landwirt*innen, die als Pretest für den Fragebogen fungieren sollte.

Das gesamte Projektgebiet wird als Biodiversität-Hotspot 29 bezeichnet und umfasst die Vorpommersche Boddenlandschaft sowie die Rostocker Heide. „Hotspots der biologischen Vielfalt sind Regionen […] mit einer besonders hohen Dichte und Vielfalt charakteristischer Arten, Populationen und Lebensräume. Die Hotspot-Regionen finden sich in ganz Deutschland - von der Ostsee bis zu den Alpen und nehmen zusammen etwa elf Prozent der Fläche Deutschlands ein" (BUNDESAMT FÜR NATURSCHUTZ 2020: o.S.). Insgesamt gibt es in Deutschland 30 solcher Gebiete. Abbildung 1 und 2 verorten den für das Projekt relevanten Hotspot 29 (rot schraffiert).

Die Karte wurde aus urheberrechtlichen Gründen entfernt.

Abbildung 1: Detailkarte West (BUNDESAMT FÜR NATURSCHUTZ 2021a)

Die Karte wurde aus urheberrechtlichen Gründen entfernt.

Abbildung 2: Detailkarte Ost (BUNDESAMT FÜR NATURSCHUTZ 2021b)

Insgesamt erstreckt sich das Areal über eine Fläche von 1.210 km^2 vom Westen Rostocks über die Halbinsel Fischland-Darß-Zingst, die Insel Hiddensee bis hin zur Westrügenschen Boddenlandschaft. Rund zwei Drittel davon stehen unter nationalem oder internationalem Schutzstatus. Dies spiegelt auch die große Bedeutung der Flächen für die biologische Vielfalt wider und die Wichtigkeit, diese regionaltypischen, noch intakten Lebensräume zu bewahren. Im Zentrum von Vernetzte Vielfalt wie auch der Fallstudie steht der Nationalpark Vorpommersche Boddenlandschaft, dessen Land- und Boddenbereiche vollständig im Projektgebiet liegen sowie zwölf weitere FFH- bzw. Vogelschutzgebiete und acht ausgewiesene Naturschutzgebiete, die zumindest teilweise in die Projektregion fallen (OSTSEESTIFTUNG 2020: 3ff.).

Zur besseren Abdeckung des gesamten Hotspots, wird dieser für das Projekt in drei Bearbeitungsareale untergliedert, die sich durch unterschiedliche, spezifische Lebensräume, Biotopstrukturen wie auch Akteure auszeichnen. Region I beinhaltet die Rostocker Heide sowie die gesamte Halbinsel Fischland-Darß-Zingst. Charakteristische Strukturen in dieser Region sind vor allem Strände und Küsten, Küstenwälder, aber auch Siedlungsräume. Region II bezieht sich auf Westrügen. Typische Biotopstrukturen sind hier u.a. Überflutungsräume (sog. Polder), organische Böden (Moore), Agrarflächen, Feldgehölze, Hecken, Senken sowie Siedlungsraum. Region III beinhaltet die Südliche Boddenküste und hat sehr ähnliche Strukturmerkmale wie Region II, wie z.B. Küstenüberflutungsbereiche, Feuchtgebiete, Kleingewässer, Baumreihen ebenso wie Ackerland und Siedlungsgebiete (OSTSEESTIFTUNG 2020: 3f.).

2.3 Aufgabengebiet und Tätigkeiten

Das Praktikum fand pandemiebedingt zum Großteil im Homeoffice statt, wobei auch die Möglichkeit bestanden hätte, in den Institutsräumen zu arbeiten. Da Frau Dr. Schwerdtner-Máñez zudem ihren Dienstsitz nicht in Greifswald hat, liefen Kommunikation und Besprechungen vorwiegend via E-Mail, Skype bzw. Telefon und andere Messenger-Dienste. Die Befragungen der Landwirt*innen fanden jedoch gemeinsam mit Prof. Dr. Stoll-Kleemann und Frau Dr. Schwerdtner-Máñez vor Ort bei den Höfen auf Rügen und Fischland-Darß-Zingst sowie Ribnitz-Damgarten statt.

Zu Beginn ging es für mich zunächst darum, mich mit den Projektinhalten vertraut zu machen. Hierfür gab mir Frau Dr. Schwerdtner-Máñez einen ersten Überblick und ich verschaffte mir anhand des Projektantrags und weiterer Unterlagen einen vertieften Einblick zu Projektzielen, geplanten Meilensteinen und dazugehörigen Maßnahmen, dem Projektgebiet, den Partnerorganisationen etc.

Eine groß angelegte Befragung aller Landwirt*innen im Hotspot Gebiet war zwar erst später im Projektverlauf geplant, jedoch hielten Frau Prof. Dr. Stoll-Kleemann und Frau Dr. Schwerdtner-Máñez es für sinnvoll, bereits zu Beginn eine Art Pretest bei einigen wenigen Betrieben durchzuführen. Dabei sollte ein erstes Stimmungsbild zum Status Quo zustande kommen und gleichzeitig der erste Entwurf des Fragebogens getestet und gegebenenfalls angepasst werden. Auf dieser Vorbefragung lag das Hauptaugenmerk meiner Praktikumstätigkeiten und bildet auch den Hauptteil meiner Datengrundlage für die Bearbeitung meiner wissenschaftlichen Fragestellung.

Zur Vorbereitung für die Befragung und als weitere Datengrundlage für die Fallstudie war zunächst eine ausführliche Literaturrecherche nötig. Die Sichtung und Bearbeitung diverser (internationaler) Quellen nahm einen Großteil der Praktikumsarbeitszeit ein, wobei auch immer wieder Rücksprache mit Frau Dr. Schwerdtner-Máñez gehalten wurde. Bei der Recherche ging es neben allgemeinen landwirtschaftlichen Themen vor allem darum herauszufinden, in wieweit die Forschung bereits die Frage nach Hemmnissen, Barrieren und Motivationen von Landwirt*innen hinsichtlich nachhaltigerer Landnutzungsformen beantworten konnte. Daraufhin wurde von Frau Dr. Schwerdtner-Máñez ein erster Fragebogenentwurf erarbeitet und gemeinsam mit Frau Prof. Dr. Stoll-Kleemann und mir kommentiert und ergänzt. Nach der Entwicklung des Fragebogens ging es darum, landwirtschaftliche Betriebe im Hotspotgebiet ausfindig zu machen und zu kontaktieren. Hierfür existierte bereits eine Adressliste der Ostseestiftung, die zusätzlich durch eigene Recherche ergänzt wurde. Die Kontaktaufnahme und Terminvereinbarung mit den Landwirt*innen (per Telefon oder E-Mail) gestaltete sich teilweise als sehr schwierig. Die geplanten Befragungen (Mitte Juni und Mitte Juli) fielen mitten in die Haupterntephase sowie bei Betrieben mit Ferienwohnungen in die touristische Hauptsaison. Dementsprechend hatten die meisten Landwirt*innen wenig Zeit und Kapazitäten, um an einem Interview teilzunehmen, oder waren überhaupt nicht telefonisch erreichbar. Zudem gab es auch einige Personen, die ein eher negatives Bild von der Wissenschaft und Politik hatten und deshalb nicht gewillt waren, mit uns ins Gespräch zu kommen.

Trotz des etwas problematischen Befragungszeitraums, konnten wir letztendlich 5 Personen für ein Interview gewinnen. Die Durchführung fand dann an insgesamt drei Tagen im Juni und Juli bei 5 verschiedenen Höfen auf Ummanz (bei Rügen), Fischland-Darß-Zingst und in Ribnitz-Damgarten statt. Die Interviews waren allesamt sehr interessant und aufschlussreich, auch dank der Offenheit und Gesprächsbereitschaft der Landwirt*innen. Die Interviews wurden von uns nicht aufgezeichnet, da wir die eben erwähnte Offenheit wahren und das Gespräch möglichst unbeeinflusst und locker halten wollten. Auch der Gesprächsverlauf wurde von uns sehr offen gestaltet und nicht strikt nach Leitfaden durchgeführt. Anschließend mussten die handschriftlichen Interviewnotizen am PC niedergeschrieben und grob anhand des Leitfadens sortiert werden. Abschließend erfolgten noch das Kodieren und Auswerten der Aussagen. Hierauf wird ausführlicher im Theorie- bzw. Methodenteil dieser Arbeit eingegangen.

Dazu kamen allgemeine Tätigkeiten wie regelmäßige online Teammeetings mit Mitarbeitenden des Lehrstuhls, Besprechungen mit den kooperierenden Organisationen des Projekts sowie diverse Recherchearbeiten und die Erstellung von Dokumenten.

2.4 Kritische Würdigung der erlebten Praxis

Das Praktikum im Vernetzte Vielfalt Projekt hat mir, trotz pandemiebedingter Einschränkungen, viele Einblicke sowohl in die Projektarbeit als auch die wissenschaftliche Arbeit gegeben. In erster Linie habe ich gelernt mich selbst zu motivieren, zu organisieren und konnte mein eigenverantwortliches Arbeiten verbessern. An dieser Stelle ist zu betonen, dass dies nicht immer leicht war, wenn es keine festen Arbeitszeiten gibt und niemand hinter einem steht, der die eigene Arbeit kontrolliert. Auch die Recherche nach Adressen landwirtschaftlicher Betriebe gestaltete sich anfangs als nicht so einfach wie gedacht, da nur wenig Adressen auffindbar waren. Zudem habe ich direkte Erfahrungen damit machen können, wie Zusammenarbeit und Kommunikation mit anderen Kooperationspartner*innen in Projekten ablaufen können. Diese waren teilweise etwas holprig. Dadurch habe ich aber gelernt, dass man auch in schwierigen Situationen hartnäckig bleiben muss und sich zudem selbst zu helfen wissen sollte. Ähnlich erging es mir bei der Kontaktaufnahme mit den Landwirt*innen. Ich habe durch die vielen Telefonate mit verschiedenen Personen mitgenommen, dass man erstens nichts persönlich nehmen darf, z.B. wenn Vorbehalte gegenüber Wissenschaftler*innen geäußert werden, und, dass man nicht zu schnell aufgeben sollte. Oft hat sich am Ende doch noch ein Termin mit auskunftsfreudigen Gesprächspartner*innen ergeben, wenn man schon nicht mehr daran geglaubt hatte. Eine weitere nützliche Praxiserfahrung habe ich bei der Durchführung der Interviews gemacht. Nämlich die, dass sehr vieles mit einer guten Gesprächsatmosphäre steht und fällt. Diese sollte idealerweise entspannt und nicht zu förmlich sein und bei einer ohnehin schon offenen Gesprächsführung möglichst keine Suggestivfragen bzw. -aussagen beinhalten.

Trotz mancher Schwierigkeiten, bin ich alles in allem der Meinung, dass das Praktikum eine wichtige Praxiserfahrung für mich war. Meine Erwartungen, Einblicke in den Themenbereich Biodiversität im Zusammenhang mit Landwirtschaft sowie in die qualitative Forschung zu erhalten, haben sich größtenteils erfüllt. Ich denke auch, dass ich alle Situationen gut gemeistert habe sowie viele hilfreiche und für spätere Tätigkeiten relevante Lehren und Erkenntnisse aus der Zeit mitnehmen kann.

3 Wissenschaftliche Fragestellung

Nach der Beschreibung der Praktikumsstelle und des Projekts, geht es in diesem Teil der Arbeit um die Auseinandersetzung mit einer wissenschaftlichen Fragestellung anhand des Fallbeispiels Hotspot 29. Außerdem werden einige relevante Begrifflichkeiten und spezifische Rahmenbedingungen der Landwirtschaft in Mecklenburg-Vorpommern erklärt. Anschließend werden die angewandte Methodik sowie die Forschungsergebnisse dargestellt. Zum Abschluss folgen ein Fazit und ein Ausblick.

3.1 Forschungsfrage und Bezug zum Praktikum

Das Thema der Fallstudie knüpft inhaltlich unmittelbar an das Forschungsinteresse des Vernetzte Vielfalt Projekts an und lautet:

Faktoren, Barrieren und Motivationen für die Etablierung nachhaltiger Landnutzungsformen am Beispiel des Biodiversität-Hotspots 29.

Daraus ergibt sich folgende Forschungsfrage, die mithilfe der Fallstudie beantwortet werden soll:

*Welche Faktoren sind relevant dafür, ob Landwirt*innen (mehr) nachhaltige Landnutzungsformen etablieren oder nicht?*

Um die erwähnten Konzepte und Begriffe sowohl im Literaturreview wie auch in der Erhebung besser einordnen zu können, werden nachfolgend einige Definitionen sowie die Grundzüge der aktuellen EU-Agrarpolitik kurz erläutert. Außerdem erfolgt eine Beschreibung der Landschaft und Naturausstattung Mecklenburg-Vorpommerns, im Hinblick auf die dortige landwirtschaftliche Nutzung.

Die Begriffe Biodiversität und biologische Vielfalt werden gleichbedeutend verwendet und bezeichnen die Vielfalt der Arten, die Vielfalt der Lebensräume bzw. Ökosysteme und die genetische Vielfalt innerhalb der Flora und Fauna.

„Alle drei Bereiche sind eng miteinander verknüpft und beeinflussen sich gegenseitig: bestimmte Arten sind auf bestimmte Lebensräume und auf das Vorhandensein ganz bestimmter anderer Arten angewiesen. Der Lebensraum wiederum hängt von Umweltbedingungen wie Boden-, Klima- und Wasserverhältnissen ab. Die genetischen Unterschiede innerhalb der Arten schließlich verbessern die Chancen der einzelnen Art, sich an veränderte Lebensbedingungen (z.B. durch den Klimawandel) anzupassen" (BUNDESAMT FÜR NATURSCHUTZ 2021c: o.S.).

Unter nachhaltiger Landnutzung versteht man eine Nutzung, bei der es „zu keinem permanenten Verlust an biologischer Vielfalt [...] kommt. Nachhaltige Nutzung entspricht den Bedürfnissen der heutigen Generation, schränkt jedoch die Möglichkeiten künftiger Generationen nicht ein" (UMWELTBUNDESAMT 2021: o.S.).

Die Gemeinsame Agrarpolitik der EU (kurz: GAP) soll die europäische Landwirtschaft umweltfreundlicher und nachhaltiger gestalten. Dabei wird auch explizit der Erhalt der biologischen Vielfalt erwähnt (OPPERMANN et al. 2018: 54). Die EU-Förderung verteilt sich dabei auf zwei Säulen. Die erste Säule umfasst Direktzahlungen an die Landwirt*innen, die, bei Erfüllung bestimmter Voraussetzungen, je Hektar landwirtschaftlicher Fläche gewährt werden. Sie besteht aus vier Bausteinen: Einer Basisprämie, konkreten Umweltleistungen (auch als Greening bezeichnet), Zuschlägen für kleine und mittlere Betriebe sowie einer Zusatzförderung für Junglandwirt*innen. Die zweite Säule fördert Programme für nachhaltige und umweltschonende Bewirtschaftung und ländliche Entwicklung. Hier stehen unter anderem die freiwilligen Agrarumwelt- und Klimaschutzmaßnahmen (kurz: AUKM) im Zentrum. Dabei geht es beispielsweise um die Förderung von Extensivierungsmaßnahmen, des ökologischen Landbaus oder naturbedingt benachteiligter Gebiete. Diese kommen unter anderem auch in Mecklenburg-Vorpommern (kurz: MV) vor. Für die Agrarförderung in Deutschland stehen von 2014 bis 2020 jährlich rund 6,2 Milliarden Euro an EU-Mitteln zur Verfügung (BUNDESMINISTERIUM FÜR ERNÄHRUNG UND LANDWIRTSCHAFT 2020: o.S.).

Die 2000 km Küstenlänge sowie zahlreiche Seen, Flüsse und Kleingewässer machen MV zu einem besonderen Bundesland und beliebten Reiseziel. Auch die vielen Nationalparke, Biosphärenreservate und Schutzgebiete, wie beispielsweise der Nationalpark Jasmund auf Rügen, machen die Region attraktiv für Naturtourist*innen. Gleichzeitig ist die Landwirtschaft die vorherrschende Landnutzungsform. 64% der Landesfläche werden als Acker- oder Grünland genutzt.

Hierbei wird jedoch ein auffälliger Gegensatz deutlich. Trotz der intensiven landwirtschaftlichen Nutzung der Flächen in MV, ist die Landwirtschaft als solche in den letzten 15 Jahren zum schwächsten Wirtschaftszweig des Landes geworden (KLÜTER 2016: 130). Dies liegt unter anderem an den Großstrukturen und auswärtigen Investor*innen, die landwirtschaftliche Nutzfläche samt Betrieben aufgekauft haben. Deren Fokus auf ökonomische Gewinnmaximierung führt zu einer betrieblichen Ausrichtung auf günstige Massenerzeugnisse unter Vernachlässigung der qualitativen Aspekte der Lebensmittel (KLÜTER 2016: 9ff.). Diese Problematik ist vor allem historisch und betriebsorganisatorisch bedingt. Die Einführung von landwirtschaftlichen Produktionsgenossenschaften in der ehemaligen DDR legte den Grundstein der Großbetriebe (KLÜTER 2016: 62). Nach der Wiedervereinigung von BRD und DDR wurden viele dieser Flächen und Betriebe unrechtmäßig an Dritte verkauft, die wiederum durch Spekulationen die Bodenpreise in die Höhe trieben. Da hochwertige Kulturen wie Gemüse im Anbau zu aufwändig für Großbetriebe sind, verlagerte sich der Fokus auf einfach und günstig zu produzierende Massenfrüchte, wie beispielsweise Raps (KLÜTER 2016: 10f.).

MV ist mit vergleichsweise guten Böden ausgestattet und hat den Vorteil einer geringen Zersiedelung. Dafür hat es das Problem der Winderosion, von der knapp 42% der Ackerflächen gefährdet sind. Mögliche Gegenmaßnahmen hierfür wären z.B. Windschutzstreifen in Form von Hecken oder Feldgebüschen (KLÜTER 2016: 5). 9,3% der gesamten landwirtschaftlichen Nutzfläche in MV werden ökologisch bewirtschaftet. Damit landet das Land immerhin auf Platz 4 im bundesweiten Vergleich (KLÜTER 2016: 15). Außerdem werden mehr als ein Viertel der Wiesen und Weiden ökologisch bewirtschaftet, womit MV Spitzenreiter in Deutschland ist (KLÜTER 2016: 386). Häufig geschieht dies in Form von extensiver Beweidung, die auch von einigen der befragten Landwirt*innen genutzt wird.

3.2 Methoden und Material

Die Studie fokussiert sich auf einen qualitativen Forschungsansatz, um zunächst einen umfassenden Einblick in den Themenbereich zu bekommen.

> Nach Kleining soll „Wissenschaftliche Forschung [...] dann „qualitativ" vorgehen, wenn die Gegenstände und Themen, nach allgemeinem Wissensstand, nach Kenntnis des Forschers oder auch nur nach seiner Meinung, komplex, differenziert, wenig überschaubar, widersprüchlich sind oder wenn zu vermuten steht, dass sie nur als „einfach" erscheinen, aber vielleicht – Unbekanntes verbergen. Insofern ist qualitative Forschung immer Eingangsforschung." (KLEINING 1991: 16).

Zudem wird im Verlauf des Vernetzte Vielfalt Projekts noch eine vollständige, quantitative Erhebung aller Landwirt*innen im Hotspot 29 erfolgen, weshalb diese Befragung als Pretest dafür fungiert.

Für die Datenaufnahme kamen semistrukturierte Leitfadeninterviews zur Anwendung. Die Offenheit und nicht zu starre Fixierung auf die Fragen oder deren Reihenfolge, standen dabei im Fokus bei der Durchführung. Das Prinzip der Offenheit gilt in der qualitativen Sozialforschung als ein grundlegendes und zentrales Element. Es soll dazu dienen, Phänomene, Wissen und Informationen zu generieren, die möglicherweise so nicht vermutet wurden (STRÜBING 2018: 22f.). Nach STRÜBING sind idealerweise „flexible, situativ zu variierende Interviewleitfäden" (2018: 23) zu verwenden. Darauf wurde bei der Befragung ebenfalls geachtet, sodass die Interviews einem alltagsähnlichen Gespräch gleichkamen, bei dem die Befragten nicht nur unsere expliziten Fragen beantworteten, sondern vor allem auch die für sie relevanten Kontexte, Einschätzungen und Themenverknüpfungen preisgaben. Eine vertrauensvolle und zwanglose Gesprächsatmosphäre auf Augenhöhe ist hierfür unerlässlich (STRÜBING 2018: 103). Um diese Atmosphäre bestmöglich zu gewährleisten, wurde auf Aufnahmegeräte während der Interviews verzichtet. Stattdessen wurde für die Auswertung während und unmittelbar nach der Durchführung handschriftlich protokolliert. Im Anschluss wurden die Notizen in Word übertragen und kodiert, um Kernaussagen und Zusammenhänge aus den Antworten zu erschließen. Zusätzlich zur Datenerhebung mithilfe der Leitfadeninterviews, wurde eine Literaturrecherche durchgeführt und deren Ergebnisse in einem Literaturreview zusammengefasst. Dabei ging es um Faktoren, die eine Umstellung auf nachhaltige(re) Landnutzung fördern oder verhindern. Abschließend wurden die Ergebnisse von Literaturreview und Befragung miteinander verglichen, indem Unterschiede, Gemeinsamkeiten sowie sonstige Auffälligkeiten herausgearbeitet wurden.

3.2.1 Literaturreview

In der Literatur finden sich verschiedenste Untersuchungen darüber, wie Landwirt*innen zu Naturschutz sowie der Umsetzung entsprechender Maßnahmen stehen und welche Faktoren ihre Entscheidung und ihr Handeln diesbezüglich beeinflussen. Einige Studien, wie die von ZINNGREBE et al. oder GREINER und GREGG, konzentrieren sich dabei auf bestimmte Untersuchungsgebiete (national wie international), andere auf spezifische theoretische Konzepte, so z.B. bei SIEBERT et al. sowie BEEDELL und REHMANN, wieder andere nehmen nur bestimmte Naturschutzmaßnahmen in den Blick, wie KNOWLER und BRADSHAW. Nachfolgend werden einige ausgewählte Studien als Ergebnisse des Literaturreviews vorgestellt, indem kurz die Kernpunkte und wichtigsten Forschungsergebnisse erläutert werden.

Bei einer Studie mit Erhebungen in Deutschland von ZINNGREBE et al. wurden die sogenannten ökologischen Vorrangflächen (kurz: ÖVF) in den Forschungsfokus gesetzt. Diese sind seit
2015 ein Kernelement der GAP. Sie zählen zu den Umweltleistungen, einem der vier Bausteine
in der ersten Säule, und betragen 5% der Ackerflächen eines Betriebs. Landwirt*innen in
Deutschland können aus 17 Optionen wählen, wie sie ihre ÖVF bewirtschaften wollen. Dabei
sind jedoch nicht alle Möglichkeiten gleich sinnvoll und nützlich für den Biodiversitätsschutz
(ZINNGREBE et al. 2017: 93f.). MV liegt beispielsweise bei den Varianten Brachflächen, Pufferstreifen und Landschaftselemente, wie z.B. Hecken, die sich alle günstig auf die biologische
Vielfalt auswirken, über dem deutschen Durchschnitt (ZINNGREBE et al. 2017: 95). Für ganz
Deutschland betrachtet haben sich die Landwirt*innen hauptsächlich für die Option der Zwi-
schenfrucht entschieden, welche recht einfach umzusetzen ist. Weitere gern genutzte Varianten
sind die Leguminosen und Brachflächen (OPPERMANN et al. 2018: 24). Anhand der Interviews haben ZINNGREBE et al. fünf Kategorien erarbeitet, die die Maßnahmenwahl von Landnutzer*innen determinieren: administrative, ökonomische und ökologische Überlegungen sowie lokale Faktoren und politische Anreize. Vor allem administrative Faktoren dominieren das
Entscheidungsverhalten von Landwirt*innen. In Kombination mit ökonomischen Erwägungen
können diese sich sogar negativ auf diejenigen Handlungsoptionen auswirken, die eigentlich
günstig für die Biodiversität wären, wie etwa Pufferstreifen (ZINNGREBE et al. 2017: 93). Die
Autor*innen haben außerdem sieben konkrete Empfehlungen erarbeitet, die sich vor allem an
die Politik richten und die Effektivität und Akzeptanz von ÖVF verbessern sollen. Nummer
eins beinhaltet die Reduktion von Komplexität, sowohl bei technischen als auch administrati-
ven Anforderungen. Zweitens raten sie dazu, kompetente technische Unterstützung sicher zu
stellen. Diejenigen Optionen für ÖVF, die tatsächlich zum Biodiversitätsschutz beitragen, sind
derzeit unterrepräsentiert. Daher empfehlen die Autor*innen drittens, den Anteil von weniger
sinnvollen Maßnahmen zu verringern bzw. ganz abzuschaffen und dafür den Anteil relevanter
Varianten zu erhöhen. Ihr vierter Punkt besteht darin, die Abstimmung zwischen Agrarumwelt-
maßahmen und ökologischen Vorrangflächen zu verbessern, um die ökonomischen Anreize für
sinnvolle Formen der Vorrangflächen zu erhöhen. Die fünfte Empfehlung rät dazu, die sogenannten Ökosystemdienstleistungen, also alle zusätzlichen Vorteile einer Maßnahme für Landwirt*innen wie auch lokale Gemeinden hervorzuheben und bekanntzumachen. Damit soll die
Nachfrage an ÖVF erhöht werden. Im sechsten Aspekt geht es ähnlich wie im ersten Punkt,
darum, dass Maßnahmen flexibler an lokale Gegebenheiten und das dort vorhandene Wissen
angepasst werden sollten. Die letzte Empfehlung bezieht sich auf die mittel- und langfristige

Perspektive. Die Autor*innen schlagen vor, das Element der ÖVF ganz durch die Agrarumweltmaßnahmen zu ersetzen, da deren Rahmenbedingungen besser die komplexen Ziele des Biodiversitätsschutzes adressieren und eher auf lokalspezifische Kontexte ausgerichtet sind (ZINNGREBE et al. 2017: 102).

Das folgende Zitat entstammt dem zweiten vorgestellten Paper, einer Studie aus Nordaustralien, bei der Viehzüchter*innen mit großräumigen Flächenanteilen befragt wurden. „The rate and extent of adoption of conservation practices by farmers is influenced, in principle, by characteristics of the practices and those of the farmers" (GREINER/GREGG 2011: 257). Motivationen und Hindernisse bei der Übernahme von Naturschutzpraktiken, wahrgenommene Effektivität politischer Instrumente diese Hemmnisse zu überwinden, standen im Fokus der Untersuchung. Die Autor*innen fanden heraus, dass die Viehzüchter*innen grundsätzlich ein hohes Maß an intrinsischer Motivation in Bezug auf Naturschutz hatten und weniger durch finanzielle bzw. ökonomische oder soziale Gesichtspunkte angetrieben wurden. Dies deutet auf ein starkes Verantwortungsbewusstsein oder altruistische Motive hin (GREINER/GREGG 2011: 257). In einem Ranking der drei wichtigsten Ziele und Motivationen wurde Umweltverantwortung am höchsten eingestuft, gefolgt von ökonomischen Zielen. Soziale Aspekte wurden hingegen niedrig bewertet. Die wichtigsten Hinderungsgründe beinhalteten zum einen Bedenken bezüglich der Produktivität, zum anderen begrenzte Ressourcen, also Kapital und Arbeitskräfte. Obwohl ökonomische Aspekte nicht die Hauptmotivation darstellten, wurden finanzielle Anreize von den Befragten als effektivstes Mittel angesehen, um Bedenken bei der Übernahme von Praktiken zu mindern. Aber auch Anreize im Bereich Anerkennung, Planungsinstrumente sowie Forschung und Entwicklung wurden als effektiv zur Überwindung von Hemmnissen eingeschätzt. Staatliche Regulierung wurde als am wenigsten effektiv bewertet, aber dennoch als notwendiges politisches Instrument angesehen (GREINER/GREGG 2011: 260ff.). Die Studie kommt zu dem Schluss, dass bei der Entwicklung von Maßnahmenprogrammen das Verantwortungsbewusstsein von Landwirt*innen mit einbezogen werden sollte. Dies kann zu mehr Effektivität und Effizienz führen, sowie das Risiko verringern, deren intrinsische Motivation und altruistisches Verhalten zu verdrängen (GREINER/GREGG 2011: 257).

Im dritten Paper haben AHNSTRÖM et. al untersucht, wie Einstellungen von Landwirt*innen zum Naturschutz, verschiedene Kontextfaktoren sowie Agrarumweltprogramme zusammenwirken. Das Datenmaterial stammt dabei von wissenschaftlichen Zeitschriftenaufsätzen aus den Regionen Europa, Nordamerika, Australien sowie Neuseeland. Sie betonen dabei, dass die Einstellungen der Landnutzer*innen, ebenso wie deren individuelle Lebens- und Arbeitsumstände oft sehr komplex sind und damit diverse Faktoren deren Handlungsentscheidungen beeinflussen. Diese Komplexität gilt es bei der Entwicklung neuer Agrarumweltprogramme zu beachten (AHNSTRÖM et al. 2009: 38). Landwirt*innen werden in der Literatur häufig als naturverbunden dargestellt. Die aus der Tätigkeit resultierende Nähe zu Natur und natürlichen Systemen äußert sich jedoch nicht automatisch in umweltbewussten Handlungen oder Einstellungen (AHNSTRÖM et al. 2009: 42f.). Ein Wandel in der Denkweise der Landnutzer*innen ist daher einer von drei Kernpunkten, der den meist negativen Effekt von Landwirtschaft auf die Biodiversität verbessern könnte. Als zweiten Punkt nennen die Autor*innen Regelungen und Vorschriften, der dritte umfasst finanzielle Anreize. Sie kommen außerdem zu dem Schluss, dass die Anforderungen für bestimmte Agrarumweltmaßnahmen häufig zu starr und unflexibel gestaltet sind, sodass Landwirt*innen darin mehr Nachteile für sich sehen (AHNSTRÖM et al. 2009: 44f.).

Im vierten Paper, einer Fallstudie von SATTLER und NAGEL, wurde die Akzeptanz verschiedener Naturschutzmaßnahmen bei Landwirt*innen in Brandenburg untersucht. Hierfür wurden elf Betriebe zu individuellen Erfahrungen mit solchen Maßnahmen befragt. Im Forschungsinteresse stand auch deren Bewertung, z.B. in Bezug auf Kosten oder Risiken. Die Entscheidung für verschiedene Naturschutzpraktiken hängt den Autor*innen zufolge von drei Hauptaspekten ab: Erstens von den Eigenschaften der Maßnahme selbst. Zweitens von individuellen Einstellungen und Präferenzen der Landwirt*innen. Und drittens von den Rahmenbedingungen, also der finanziellen Lage des Hofs, spezifischen klimatischen und regionalen Standortbedingungen oder allgemeinen rechtlichen und politischen Einschränkungen (SATTLER/NAGEL 2008: 70). Die Studie zeigt, entgegen der landläufigen Annahme, dass die Kosten nicht der wichtigste Entscheidungsfaktor sind. Andere Aspekte, wie damit verbundene Risiken, Effektivität und Zeit oder Aufwand für die Umsetzung einer bestimmten Maßnahme, waren gleichwertig oder sogar relevanter, abhängig von der spezifischen Betriebssituation. Maßnahmen, die sowohl ökonomische, ökologische als auch soziale Anforderungen kombinieren, wurden am positivsten beurteilt (SATTLER/NAGEL 2008: 75).

KNOWLER und BRADSHAW liefern in der fünften Studie einen Überblick der bis dato aktuellen Forschung zum Thema „conservation agriculture" (2007: 25). Die Ernährungs- und Landwirtschaftsorganisation der Vereinten Nationen (engl. FAO) versteht darunter verschiedene landwirtschaftliche Praktiken, die der Bodenerhaltung dienen. Die analysierten Studien stammen vor allem aus Nordamerika, Afrika sowie Lateinamerika. Die Autor*innen wollten mithilfe ihrer Untersuchung unabhängige Variablen identifizieren, die die Annahme solcher Praktiken durch Landnutzer*innen erklären und dadurch auch weltweit verbessern können. Die Analyse zeigte jedoch, dass kaum bis gar keine universellen Variablen existieren, die das Akzeptanzverhalten erklären (KNOWLER/BRADSHAW 2007: 25). KNOWLER und BRADSHAW kommen daher zu dem Schluss, „that efforts to promote conservation agriculture will have to be tailored to reflect the particular conditions of individual locales" (2007: 25). Finanzielle Rentabilität ist der Untersuchung zufolge zwar ein wichtiger Gesichtspunkt, der durchaus limitierend wirken kann. Aber auch andere nicht-finanzielle Faktoren, wie z.B. Wissen über Techniken und Zugang zu entsprechenden Technologien, kann die Übernahme solcher Praktiken hemmen (KNOWLER/BRADSHAW 2007: 44).

Das sechste Paper ist aus einem interdisziplinären Forschungsprojekt, bei dem sich SIEBERT et al. mit der Bereitschaft sowie der Fähigkeit von Landwirt*innen an Biodiversitätsprogrammen teilzunehmen, beschäftigt haben. Die Ergebnisse der Arbeit basieren auf einer Auswertung von etwa 160 internationalen Publikationen, vorwiegend aus der EU. Zusätzlich wurden Experteninterviews durchgeführt (SIEBERT et al. 2006: 318). Den Autor*innen zufolge sind Landnutzer*innen sehr heterogen in ihrer Entscheidungsfindung. Deswegen können Bereitschaft und Fähigkeit zur Biodiversitätsförderung, weder nur auf die Lokalität zurückgeführt werden, noch auf Einstellungen und Werte gegenüber Kategorien wie Natur oder Autorität. Ebenso wenig ist die Kooperationsbereitschaft allein von ökonomischen Faktoren abhängig. Die Studie soll unter anderem zeigen, dass die Realität des europäischen Biodiversitätsschutzes aus vielen komplexen Aspekten besteht (SIEBERT et al. 2006: 319). SIEBERT et al. beschreiben die Situation als "intricate interaction of contingencies affected by locality and specific context, such as agronomic, cultural, social and psychological factors. Each of these factors plays interwoven roles in each national, regional and specific farm context" (2006: 319). Um das Verhalten von Landwirt*innen besser darzustellen, wurde ein Modell entwickelt, welches aus drei sich überlappenden Analyseebenen besteht. Die erste ist die individuelle Ebene und bezieht sich auf die Themen Bereitschaft und Fähigkeit. Sie beinhaltet subjektive und objektive Faktoren, die einen Effekt auf das Handeln einer Betriebsleitung haben können. Die zweite ist die Ebene direkter sozialer Interaktionen und weitergehender sozialer Einflüsse. Hierzu zählt jeder arbeitsbezogene direkte Austausch, wie z.B. Kommunikationsprozesse zwischen Akteuren, die den Biodiversitätsschutz betreffen. Aber auch subjektiv wahrgenommene gesellschaftliche oder kulturelle Normen und Werte fallen in diese Kategorie, ebenso wie indirekt vermittelte Regeln, z.B. durch öffentlichen Diskurs. Die dritte Ebene umfasst die politischen Einflüsse, also Design und Implementierung von biodiversitätserhaltenden Strategien. Zu erwähnen ist zudem, dass alle drei Ebenen in dynamischer Interaktion miteinander stehen (SIEBERT et al. 2006: 323).

Zwei wichtige Erkenntnisse der Untersuchung sind zum einen, dass finanzielle Anreize und Kompensation zwar eine notwendige, aber nicht hinreichende Bedingung sind. Zum anderen sollten biodiversitätsfördernde Praktiken nicht als statisch betrachtet werden, sondern besser als Prozess, der vielen Einflussfaktoren unterliegt und durch Interaktion gekennzeichnet ist (SIEBERT et al. 2006: 318). Aktive Akzeptanz von Naturschutzmaßnahmen kann demnach nur durch Dialog entstehen. Die Politik muss sensibilisiert werden für die individuell vorherrschenden lokalen Gegebenheiten. Dies beinhaltet jedoch nicht nur ökologische und ökonomische Bedingungen, sondern auch das Wissen der Landnutzer*innen und deren Verbindungen zur Politik und umgekehrt (SIEBERT et al. 2006: 334).

Die siebte betrachtete Studie stammt aus Großbritannien. BEEDELL und REHMANN haben darin das Naturschutzverhalten von Landwirt*innen untersucht, basierend auf der Theory of Planned Behaviour, einem sozialpsychologischen Modell von Ajzen aus dem Jahr 1985. Mithilfe von Befragungen wollten die Autor*innen die zugrundeliegenden Determinanten von Verhalten identifizieren und Einstellungen besser verstehen. Sie kamen zu dem wenig überraschenden Ergebnis, dass Landnutzer*innen mit größerem Umweltbewusstsein sowie Mitglieder der Farming and Wildlife Advisory Group Farmers, einer britischen Organisation von Landwirt*innen für Landwirt*innen, stärker durch naturschutzbezogene als durch betriebliche bzw. managementbezogene Belange beeinflusst werden. Es scheint außerdem so, dass sie mehr von Bezugsgruppen aus dem Landwirtschafts- und Naturschutzbereich beeinflusst werden ebenso wie von Subventionen und Naturschutzberatung (BEEDELL/REHMAN 2000: 117). Diejenigen Farmbetreiber*innen, die Beratung und Training am nötigsten hätten, sind gleichzeitig jedoch die, die sich am wenigsten aus eigenem Antrieb darum bemühen und eher Zuschüsse oder andere verfügbaren Anreize in Anspruch nehmen (BEEDELL/REHMAN 2000: 126).

3.2.2 Fragebogendesign und Fallauswahl

Für die Durchführung der Interviews wurde im Vorfeld ein Fragebogen entwickelt, der zwar bestimmte Aspekte thematisieren, aber den Befragten dennoch viel Freiraum bei der Beantwortung geben sollte. Ziel war es, möglichst viele Informationen von den Landwirt*innen zu erfahren, auch zu Themen, die im Voraus nicht bedacht wurden. Die Befragten sollten durch den

Fragebogen also nicht zu sehr in eine bestimmte Richtung gelenkt, sondern dazu ermuntert werden, für sie relevante Zusammenhänge darzustellen (STRÜBING 2018: 103). Daher wurde ein offener, semistrukturierter Leitfaden genutzt. Bei der Durchführung der Interviews wurde sich nicht strikt an die Fragen(-reihenfolge) gehalten.

Inhaltlich wurden zunächst einige allgemeine Informationen zur Betriebsstruktur und -geschichte abgefragt. Anschließend stand die individuelle Wahrnehmung der Landschaft um die Befragten im Fokus. Auch die jeweilige Interpretation des Begriffes der Biodiversität wurde erfragt. Im nächsten Abschnitt ging es um konkrete Maßnahmen, Barrieren und Motivation bezüglich nachhaltiger Landnutzungsformen. Im letzten Teil wurde nochmal nach allgemeinen Herausforderungen im Arbeitsalltag gefragt sowie nach Veränderungen der Umwelt und Erfahrungen mit Naturschutzinstitutionen.

Bei der Fallauswahl bildeten alle landwirtschaftlichen Betriebe im Untersuchungsgebiet die Grundgesamtheit. Eine quantitative Vollerhebung ist im Verlauf des Projekts noch geplant. Da die vorliegende Untersuchung qualitativ angelegt ist, wurden nur wenige Teilnehmende benötigt. Aufgrund der kleinen Stichprobe sind die Ergebnisse der Erhebung nicht repräsentativ. Sie bieten jedoch einen ersten, tieferen Einblick in die Thematik und bilden eine mögliche Grundlage für weiterführende Untersuchungen, qualitativ wie auch quantitativ. Bei der Fallauswahl waren mehrere Gesichtspunkte relevant. Zum einen war das Ziel, verschiedene Betriebe zu befragen, um alle Bereiche abzudecken und ein möglichst vollständiges Bild zu erhalten. Zum anderen schränkte die Abhängigkeit der Branche von äußeren Umwelteinflüssen (Haupterntezeit), sowie eine sehr dünne Kontaktdatenlage die Rücklaufquote der zu befragenden Personen ein.

3.2.3 Auswertung der Interviews

In diesem Kapitel werden die Interviews anhand der dazugehörigen Protokolle (siehe Anhang) ausgewertet. Wie bereits im Methodenteil erläutert, gibt es keine wörtlichen Transkripte, eine Analyse und Kodierung der Aussagen ist dennoch möglich. Aus Gründen des Datenschutzes, wurden die Ergebnisse ebenso wie die Mitschriften anonymisiert. Insgesamt wurden Interviews mit sieben verschiedenen Höfen bzw. Betrieben geführt, die zunächst in aller Kürze vorgestellt und dann deren Kernaussagen dargestellt werden.

Betrieb A befindet sich auf Ummanz, einer kleinen Insel, die direkt an Westrügen grenzt. Sie ist Teil des Nationalparks Vorpommersche Boddenlandschaft und gehört zum Landkreis Vorpommern-Rügen. Hier werden rund 900 ha Ackerland (vor allem mit Getreide) und 800 ha

Grünland bewirtschaftet. Etwa die Hälfte davon biologisch. Zudem gibt es Mutterkuhhaltung mit insgesamt 400 Tieren. Auf dem Hof arbeiten derzeit sieben festangestellte Mitarbeiter*innen plus drei Saisonkräfte. Der Befragte beschreibt seine zu bewirtschaftende Landschaft als extrem, z.B. im Hinblick auf die sich stetig ändernden Wasserstände. Dieser Aspekt zusammen mit der Tatsache, dass einige Schutzgebiete sich mit seinen Flächen überschneiden, machen sein Land für ihn nicht immer einfach zu bewirtschaften, Auch die Technik kommt hier an ihre Grenzen. Dem Thema biologische Vielfalt steht er tendenziell eher kritisch gegenüber. Auf seinen biologischen Flächen nimmt er zwar mehr Artenvielfalt wahr, dennoch sieht er einen Widerspruch zwischen Ackerbau und Biodiversität sowie Schutzgebieten, da diese für ihn weniger förderbare Flächen bedeuten. Mehrfach betont wurde das Problem der Kranich- und Gänseschäden auf seinen Feldern, für die es keine Entschädigung gebe. Er wird in Zukunft wahrscheinlich den Bioanteil weiter ausbauen, allerdings eher zwangsweise statt aus eigener Überzeugung. Der Grund für die beschriebenen Zwänge ist jedoch während des Interviews weniger klar geworden. Zudem besteht die Sorge des Absatzes von Bioprodukten, wenn zu viele Betriebe ebenfalls umstellen. Ein letzter relevanter Punkt war, dass Grünstreifen bzw. Blühflächen um Äcker herum alle fünf Jahre umgebrochen werden müssen. Es ist gesetzlich geregelt, dass nach fünf Jahren aus nicht umgebrochenen Ackerflächen Grünland wird. Dieses darf nach dem Grünlanderhaltungsgesetz jedoch nicht mehr umgebrochen werden und ist in MV dann nur noch ein Bruchteil im Vergleich zum Ackerland wert. Naturschutztechnisch macht dies jedoch wenig Sinn, da sich stabile Wildbienenpopulationen erst nach etwa 5 Jahren etablieren. Zur Frage nach Barrieren bezüglich Biodiversitätsschutzmaßnahmen gab es keine konkrete Antwort. Jedoch kann man zusammenfassend zwei Kernaussagen als Barrieren herausarbeiten. Erstens, die Problematik der wenig sinnvollen 5-Jahresumbruchregel. Diese wird unter *politische Regelungen und Vorgaben* kodiert. Die Sorge bezüglich des Absatzes von Bioprodukten bei Steigerung des Bioanbauanteils kann als *ökonomische Faktoren* kodiert werden.

Betrieb B ist eine reine Haflingerzucht, ebenfalls auf Ummanz ansässig. Es gibt dort 14 Pferde, auf circa 2000 qm Fläche, plus 9 ha Koppel. Insgesamt 3 Mitarbeiter*innen kümmern sich um Zucht, Reitunterricht, Kremser-/Kutschfahrten, Stutenmilchproduktion und Einsteller. Es ist kein zertifizierter Biobetrieb, jedoch wird laut Aussage der Betreiberin ausschließlich Bioheu bzw. -stroh an die Tiere verfüttert. Betrieb B ist zudem kein klassischer Landwirtschaftsbetrieb, ein paar Aussagen können dennoch aus dem Interview herausgefiltert werden. Der Befragten ist im Hinblick auf das Thema Biodiversität aufgefallen, dass bei immer mehr Landwirt*innen ein Umdenken beginnt, vor allem auch in ihrer direkten Umgebung auf Ummanz, z.B. in Form von anderen Bodenbearbeitungstechniken. Auch die Gemeinde setzt sich nach ihrer Aussage immer mehr für die Artenvielfalt ein, beispielsweise mit Blühstreifen. Bio-Großbetriebe sieht sie kritisch und widersinnig zum Biokonzept. Außerdem wünscht sie sich mehr Vernetzung und gemeinschaftliches Denken. Mit dem Nationalparkamt, dem Bürgermeister der Gemeinde (Inhaber von Betrieb F) sowie anderen ortsansässigen Landwirt*innen steht sie in überwiegend positivem Austausch. Mit Umweltorganisationen hat sie bisher noch nie zusammengearbeitet bzw. noch nichts von einer derartigen Organisation gehört. Betont wurde vor allem die Wichtigkeit von Vernetzung und guter Kommunikation, sowohl mit Behörden als auch anderen landwirtschaftlichen Betrieben. Diese Punkte können daher als motivierende Faktoren bezogen auf die Forschungsfrage gesehen werden und werden zusammengefasst unter dem Kode *soziale Faktoren*.

Betrieb C ist ein Familienbetrieb, bestehend aus drei Personen und einer FÖJ-Kraft, mit Sitz in Wustrow auf der Halbinsel Fischland-Darß-Zingst, die ebenfalls zum Nationalpark Vorpommersche Boddenlandschaft gehört. Der Hof ist seit 2018 biozertifiziert und bewirtschaftet 300 ha Acker- und Salzgrünland. Außerdem gibt es eine Mutterkuhherde mit 38 Tieren, einige Pferde und ein mobiles Hühnerheim. Zusätzlich gibt es die Möglichkeit, in Ferienwohnungen auf dem Hof zu übernachten. Der Inhaber hat schon vor der Umstellung auf Ökolandbau sehr nachhaltig und achtsam gewirtschaftet und macht sich generell sehr viele Gedanken darüber, wie er sinnvoll mit seiner Umwelt umgehen kann. Die Umstellung kam eher aufgrund von äußerem sozialen Druck, sein Verpächter habe ihn dazu gedrängt. Da der Druck von außen hier mehrfach betont wurde, wird dieser ebenfalls unter dem Kode *soziale Faktoren* verbucht. Der Befragte arbeitet wiegesagt sehr bewusst mit seinen Flächen und wendet auch Maßnahmen an, die nicht vorgegeben sind oder gefördert werden. Beispielsweise teilt er seine Felder in 30 ha große Flächen mit jeweils verschiedenen Früchten auf, sodass automatisch Korridore dazwischen entstehen. Diese sind nützlich für Bewuchs und einfacheren Wildwechsel zwischen den Flächen. Diese persönliche Motivation und Einstellung pro Naturschutz können als *intrinsische Faktoren* kodiert werden. Er betont jedoch auch, dass ihm durch die Bioumstellung manche Handlungsoptionen genommen wurden, die durchaus sinnvoll waren. Dies ist z.B. das Verbot jeglicher, gezielter Pestizideinsätze, auch bei einer Plage, was im schlimmsten Fall zu erheblichen Ernteausfällen führen kann. Zudem kritisiert auch er, dass es viele unsinnige und unpraktische Regelungen und Vorschriften gibt (vor allem bei den EU-Förderprogrammen), die ihn in seiner Arbeit einschränken. Dazu kommt noch die Hürde der Bürokratie, die bezüglich Landwirtschaft und Förderungen sehr groß und hinderlich sei. Sowohl das Bürokratieproblem als auch die Kritik an den Vorschriften werden unter dem Kode *politische Regelungen und Vorgaben* verbucht. Ein Stichwort, welches er stark betonte und das auch von anderen Befragten (Betriebe D und F), genannt wurde, war ein Mittelweg zwischen biologisch und konventionell. Da Biolandbau teilweise zu extrem und manche Regeln einfach nicht sinnvoll seien, weder ökologisch noch organisatorisch, und konventionell nicht per se schlecht ist, sei ein kluger Mittelweg und Kompromiss aus beidem im Grunde genommen besser für die Landwirtschaft. Aufgrund häufiger Nennungen wird das Stichwort Mittelweg als *Lösungsvorschläge* kodiert.

Betrieb D befindet sich in Born, ebenfalls auf Fischland-Darß-Zingst und ist seit 1992 biozertifiziert. Der Biogroßbetrieb beschäftigt 40 Mitarbeiter*innen, hat rund 2000 Mutterkühe, 400 Wasserbüffel, einige Pferde, Ziegen und Lämmer, die alle auf küstennahen Wiesen und Feldern mitten im Nationalpark weiden. Des Weiteren ist Betrieb D ein Erlebnisbauernhof, mit vielen Besucherattraktionen sowie Hofladen, Restaurant und Ferienwohnungen. Auch dieser Befragte beschreibt, wie Betrieb A, seine zu bewirtschaftenden Flächen als extrem, also als schwer zu bewirtschaften, da viele davon Feuchtgebiete sind. Mit diesen Extremgebieten, in der Fachsprache auch als Grenzertragsstandorte bezeichnet, gehen einige Probleme für Landnutzer*innen einher. Beispielsweise sind vorgeschriebene Mahdtermine für Salzgraswiesen oft nicht einhaltbar, weil der Wasserspiegel auf diesen Flächen immer schwankt. Zu manchen Zeitpunkten, also bei hohem Wasserstand, sind diese praktisch nicht befahrbar sind. Die Natur halte sich nicht an festgelegte Fristen. Es bräuchte demnach mehr Flexibilität, für die Umsetzung bestimmter Vorgaben und Maßnahmen, da viele der aktuellen Regelungen laut dem Befragten sehr unpraktikabel und Fristen zu starr sind. Er fordert, dass Maßnahmen mehr mit den Landwirt*innen zusammen entwickelt und beschlossen werden sollten, damit sie auch in deren tatsächliche Arbeitspraxis passen. Des Weiteren plädiert auch er, wie Betrieb C, für mehr Mittelwege, statt dem Motto „Ganz oder gar nicht". Die Aspekte Flexibilität, Mittelwege sowie Einbezug und Kommunikation mit den Landwirt*innen werden alle in die Kategorie *Lösungsvorschläge* kodiert. Für Extremgebiete fordert er außerdem mehr individuelle Regelungen, weil durch zeitweise, natürliche Überflutungen die Ermittlung einer Flächengröße beispielsweise schwer möglich ist. Die Hektarangaben sind jedoch entscheidend für die Förderungshöhe in bestimmten EU-Agrarprogrammen. Generell findet er die Antragsstellung für diverse Förderprogramme sehr komplex und aufwändig und für kleinere Familienbetriebe kaum machbar, da Zeit und Knowhow fehlen. Dazu kommt das Problem des sogenannten Anlastungsrisikos. Das bedeutet kurz gesagt, dass Betriebe teils sehr strengen Kontrollen unterzogen werden, dahingehend ob

Auflagen zu Förderprogrammen eingehalten werden. Kontrollen sind selbstverständlich wichtig, die Strafen jedoch oft unverhältnismäßig. Bereits bei kleinen Fehlern drohen Betrieben 30% weniger Fördergelder. Zudem sind die Vorgaben wie bereits mehrfach erwähnt teils sehr kompliziert, aufwändig, unpraktisch und damit schwierig einzuhalten, wie z.B. die manuelle Dokumentationspflicht in Form von Weidetagebüchern. Der Befragte nennt hier ebenfalls das Stichwort der Überbürokratisierung. Durch diese Schwierigkeiten kann es passieren, dass viele, vor allem kleinere Betriebe dann lieber ganz auf Fördergelder verzichten und sich nicht für Programme melden, da die aufwändige Umsetzung nicht in Relation zum monetären Ertrag steht. Die genannten Hemmnisse werden unter *politische Regelungen und Vorgaben* kodiert. Der Befragte erwähnt außerdem, dass der Absatz von hochwertigem Biofleisch in MV recht schwierig sei, da die Kaufkraft hier sehr gering ist und es keine Hofladenkultur wie z.B. in Süddeutschland gibt. Auch der Preis für Bioprodukte ist teilweise zu niedrig und es gäbe, je nach Region, mehr Ausbau als Nachfrage. Diese beiden Aspekte gehören zur Kategorie *ökonomische Faktoren*. Ein letzter wichtiger Punkt den er und auch Betrieb E anführen, ist die Forderung, Naturschutz zur Dienstleistung zu machen und entsprechend angemessen zu bezahlen. Dies wird als *Lösungsvorschläge* kodiert.

Betrieb E befindet sich in Ribnitz-Damgarten und ist ebenfalls ein Großbetrieb mit 30 Mitarbeiter*innen. Der Betrieb ist seit 2018 vollständig biozertifiziert und bewirtschaftet etwa 2400 ha Acker- und Grünland, hält 850 Mutterkühe und 450 Schweine. Ähnlich wie bei Betrieb C, ist der Befragte ein sehr bewusster und engagierter Biolandwirt, der sich viele Gedanken um Naturschutz und nachhaltige Landnutzung macht. Er hat viele eigene (Lösungs-)Ideen und ist der Meinung, dass es nicht immer zwingend Bio sein muss, sondern auch mit konventioneller Landwirtschaft viel für Naturschutz und Biodiversität getan werden kann. Gleichzeitig hat er auch viele Schwierigkeiten und Probleme aufgezeigt, die ihm in seinem Arbeitsalltag als Biobauern begegnen. Er identifiziert sich mit dem Naturraum, in und mit dem er arbeitet und ihm ist es wichtig, dass dieser auch langfristig erhalten bleibt, er nannte hier das Stichwort „Generationendenken". Daher nimmt er an mehreren EU-Agrarumweltmaßnahmen teil, sagt jedoch auch, dass die Ausgleichszahlungen meistens nicht ausreichen und eher eine „Nullnummer" seien. Trotz dessen führt er sogar noch freiwillig zusätzliche Maßnahmen ohne Ausgleich durch. Er lässt z.B. regelmäßig Kartierungen durchführen oder Abraumberge liegen, welche geeignete Habitate für Insekten darstellen. Rein monetäre Ausgleiche sind für ihn zudem ein „Irrweg". Landwirt*innen sollten nicht abhängig von Subventionen sein. Stattdessen sollte Naturschutz und Landschaftspflege in Zukunft als Geschäftsmodell angesehen und entsprechend honoriert werden. Dieser Punkt wurde sowohl von ihm als auch anderen Betrieben mehrfach erwähnt und wird unter *Lösungsvorschläge* kodiert. Generell sieht er die aktuelle Situation in der Landwirtschaft als ein „Systemproblem" an. Wie die meisten anderen Befragten findet auch er, dass zu viele und oft unsinnige Reglementierungen existieren, die wie Zwänge von außen auf die Landwirt*innen einwirken. Man könne kaum noch etwas richtig machen und mache Regeln wären gar nicht einhaltbar, beispielsweise beim Thema Wasserstände und Schilf. Bei der Schilfmahd gibt es sehr restriktive Vorschriften und begrenzte Zeiträume, wann diese durchzuführen ist. Durch die ständig wechselnden Wasserpegel, ist dies aber nicht immer in den vorgegebenen Zeiträumen machbar. Die Problematik mit den gesetzlichen Auflagen wird wieder als *politische Regelungen und Vorgaben* kodiert. Auch er hat die Erfahrung gemacht, dass man ihm Strafen auferlegt hat, weil „zu viel" Naturschutz betrieben wurde, in dem Fall hat er zu viel Bienenweide gesät. Er nimmt außerdem sehr viel Druck von außen auf Landwirt*innen wahr. Sie stehen gewissermaßen zwischen den Stühlen und sind gesellschaftlich eher negativ konnotiert. Der gesellschaftliche Druck wird als *soziale Faktoren* kodiert. Gleichzeitig hätten die Menschen in Deutschland kein Bewusstsein für hochwertige Lebensmittel. Denn auch er hat große Probleme beim Fleischabsatz in Mecklenburg-Vorpommern und hält seine Rinder aktuell quasi nur zur Produktion von Dünger. Zudem herrscht im Biobereich extremer Preisdruck auf die Betriebe, aufgrund des Biobooms bei den Discountern. Diese verkaufen Bioprodukte oft weit unter Wert. Dieser Aspekt und das Problem des Fleischabsatzes werden als *ökonomische Faktoren* kodiert. Ein weiteres Thema, welches er häufiger erwähnt hat, ist die Zusammenarbeit mit Behörden, wie z.B. der Unteren Naturschutzbehörde. Hier nimmt er viel engstirniges Denken wahr, aber auch Willkürlichkeit, z.B. bei der Bewilligung von Anträgen. Jede*r ist nur für den jeweils eigenen Fachbereich zuständig und fühlt sich für viele Themen nicht verantwortlich, was die Kommunikation erschwert. Zudem scheint die Behörde personell unterbesetzt zu sein. Die schwierige Zusammenarbeit mit Ämtern wird mit *Ämter/Behörden* kodiert. Er wünscht sich für die Gestaltung von Maßnahmen mehr Freiheiten mit fachlicher Begleitung. Des Weiteren müssen mehr andere Anreize geschaffen werden, wie den CO2-Handel auch für die Landwirtschaft zu öffnen und Geld für Innovationsförderung bereit zu stellen. Außerdem muss die Politik Maßnahmen so gestalten, dass diese tatsächlich realitätsnah und praktikabel umsetzbar sind. All diese Punkte werden unter *Lösungsvorschläge* kodiert.

Betrieb F ist ebenfalls ein Erlebnisbauernhof mit Sitz auf Ummanz. Die ca. 55 ha Acker- und Grünlandflächen werden konventionell bewirtschaftet, es gibt Kuhhaltung mit Fleischdirektvermarktung sowie Geflügelzucht mit hofeigener Schlachtung. Außerdem gehören zum Hof ein Restaurant, Hofladen, Ferienwohnungen sowie einige Pferde und andere Kleintiere für die Gäste. Der Inhaber des Hofes ist zusätzlich als sehr aktiver Bürgermeister der Gemeinde und Landtagsabgeordneter tätig. Er sieht, wie die meisten anderen Befragten auch, große Umsetzungsschwierigkeiten in den verschiedenen Regularien der Förderprogramme. Die Vorgaben seien unflexibel, kompliziert und oft nicht zielführend. Beispiele hierfür sind starre Stichtage für Mähzeiten oder die Tatsache, dass man mehr Geld für Blühwiesen als für Getreideanbau bekommt. Regelungen und Einstufungen sind häufig nicht realitätsgetreu und praxisnah, Theorie und Realität passen meist nicht zusammen. Auch er hat, wie Betrieb D, jedes Jahr mit der Anlastungsproblematik zu tun, obwohl er studierter Landwirt ist. Die Auflagen seien zu komplex oder einfach nicht umsetzbar. Als Beispiel wurde hier erneut das Führen von Weidetagebüchern genannt. Aufgrund dieser Hürden steigen viele Landwirt*innen demnach ganz aus bestimmten Maßnahmen aus, da sich der Aufwand schlicht nicht lohnt und das Anlastungsrisiko zu groß ist. Die genannten Gesichtspunkte werden wieder als *Politische Regelungen und Vorgaben* kodiert. Manche Naturschutzmaßnahmen sieht der Befragte zudem als überzogen an. Er bezog sich dabei auf ein Insektenprogramm, was ihm den Pestizideinsatz verbietet. Dies sieht er als problematisch an, da bei starkem Schädlingsbefall die Ernte größtenteils zerstört werden kann und er nichts dagegen tun darf. Die „immer extremeren Restriktionen und übertriebener Umweltschutz" stehen der Landwirtschaft seiner Meinung nach teilweise eher im Weg. Er fordert daher, wie auch andere befragte Landwirt*innen (Betriebe C und D), mehr Mittelwege und Flexibilität bei der Ausgestaltung von Maßnahmen. Diese Forderung wird unter *Lösungsvorschläge* kodiert. Zudem kritisiert er, ähnlich wie Betrieb E, dass die Zusammenarbeit und Kommunikation mit verschiedenen Behörden und Ämtern teilweise schwierig ist. Das Staatliche Amt für Landwirtschaft und Umwelt Vorpommern (kurz: StALU) stuft landwirtschaftliche Flächen in verschiedene Kategorien ein, was letztlich deren Förderfähigkeit bestimmt. Diese Einstufungen sind laut dem Befragten oft nicht nachvollziehbar und unsinnig. Es herrsche außerdem Misstrauen den Landwirt*innen gegenüber und die Kommunikation mit dem StALU bezeichnet er als schwierig, man müsse oft sehr hartnäckig sein, wenn man ein Anliegen hat. Beim Landesamt für Umwelt, Naturschutz und Geologie (kurz: LUNG) spricht man laut seiner Aussage ebenfalls oft „gegen die Wand" und es herrschen „eingefahrene Gleise". Generell sieht er die Ermessensspielräume der Beamt*innen als problematisch an, da jede*r anders bewertet und häufige Personalwechsel zu ständigen Änderungen führen. Diese Schwierigkeiten werden in die Kategorie *Ämter/Behörden* kodiert. Als letzten Punkt ist zu erwähnen, dass auch er, wie Betrieb E, die Wahrnehmung hat, dass Landwirt*innen derzeit ein eher schlechtes Image in der Gesellschaft haben. Dies wird als *soziale Faktoren* kodiert.

Betrieb G ist ein besonderer Fall, da es sich hier um einen sogenannten Rohreinwerber handelt, ebenfalls ansässig auf Ummanz. Der Betrieb lebt ausschließlich von der Ernte, der Verarbeitung und dem Vertrieb von Rohr/Reet sowie niedersächsischem Heidekraut, welche als Materialien für Rohr-/Reetdächer verwendet werden. Der 1990 gegründete Betrieb bewirtschaftete ursprünglich 600 ha Schilf (verteilt auf Westrügen), heute sind es noch ca. 300 ha rund um den Kubitzer Bodden (bei Liebitz). Der Hauptgrund für den starken Flächenrückgang, sind immer umfassendere Einschränkungen durch das Nationalparkamt bezüglich der Schilfmahd. Der Konflikt zwischen dem Rohreinwerber auf der einen und den Behörden auf der anderen Seite, die grundsätzlich beide etwas für Natur- und Artenschutz tun wollen, jedoch auf unterschiedliche Art und Weise, war daher das Kernthema dieses Interviews. Der Befragte sieht die Schilfflächen als Kulturlandschaft und die Mahd ersetzt heute das, was früher auf natürlichem Wege durch Eisschichten im Winter passiert ist. Seiner Ansicht nach verarmt die Landschaft in den Bereichen, wo nicht mehr gemäht werden darf, immer mehr. Nicht zu mähen sei unsinnig und kontraproduktiv für die Artenvielfalt, da altes Rohr immer weiter abstirbt und somit weniger Arten vorhanden sind. In gemähtem Schilf beobachtet er dagegen einen großen Artenreichtum. Auch hält er es für nicht sinnvoll, statt der Mahd Kühe auf bestimmten Flächen weiden zu lassen. Damit ginge die Funktion des Küstenerosionsschutzes durch das Schilf verloren. Diese widersprüchlichen und naturschutzfachlich nicht nachvollziehbaren Vorschriften werden wieder als *Politische Regelungen und Vorgaben* kodiert, auch wenn sich diese Kodes inhaltlich etwas von den klassischen Landwirtschaftsbetrieben unterscheiden. Da dem Betrieb immer kürzere Mahdzeiträume auferlegt werden und er auf immer weniger Flächen überhaupt mähen darf, kann er seine Nachfrage nur noch zu 10 % selbst decken. Den Rest versucht er mit importiertem, oft qualitativ minderwertigem Rohr zu bedienen. Dieses Material kommt meist aus China, Ungarn, der Ukraine oder den Niederlanden. Hier stellt sich die Frage, wieso es erlaubt ist Importrohr zu vertreiben, aber die Ernte in Deutschland immer weiter eingeschränkt wird. Schilf ist in anderen (EU-)Ländern anders eingestuft als in Deutschland, nämlich als nachwachsender Rohstoff und darf deshalb geerntet werden. Durch die starken Restriktionen ist der Betrieb faktisch in seiner Existenz bedroht, was daher als *ökonomische Faktoren* kodiert werden kann. Der Befragte war generell sehr schlecht auf das Nationalparkamt Vorpommersche Boddenlandschaft zu sprechen. Dabei bezog er sich vor allem auf den Zeitraum ab der Wiedervereinigung. Früher seien Mitarbeitende des Nationalparks noch zu ihm auf die Flächen gekommen und man konnte über vernünftige Regelungen sprechen. Heute traue sich niemand mehr raus, es wird nicht mit ihm kommuniziert, aber immer mehr Verbote beschlossen. Auch mit anderen NGOs bzw. Naturschutzorganisationen stehe er im Konflikt, worauf aus Datenschutzgründen an dieser

Stelle jedoch nicht näher eingegangen werden kann. Diese sehr angespannte Situation und schwierige Kommunikation zwischen Behörden und dem Betrieb wird in die Kategorie *Ämter/Behörden* kodiert, da Parallelen zu geschilderten Problemen anderer Betriebe bestehen. Bei diesem Interview blieben am Ende einige Fragen offen, unter anderem, warum die Schilfmahd derart stark eingeschränkt wird, obwohl sie sich nach Aussage des Befragten günstig auf die Biodiversität auswirken kann. Hierzu müssten das Nationalparkamt und idealerweise auch andere NGOs gesondert befragt werden.

3.3 Vergleich und Diskussion der Ergebnisse

Aus dem Kodierungsprozess lassen sich zusammengefasst also folgende Kernthemen ableiten, die immer wieder von den Befragten genannt wurden.

<u>Ämter/Behörden</u>: Hier geht es vor allem, darum, dass Entscheidungen für die Landwirt*innen oft nicht nachvollziehbar sind, was an der schwierigen Kommunikation mit den Behörden, wie z.B. dem Nationalparkamt Vorpommersche Boddenlandschaft, dem StALU oder dem LUNG liegen kann. Als problematisch wurden auch häufige Personalwechsel erwähnt, da diese zu ständigen Änderungen und somit extra Aufwand für die Landwirt*innen führen. Gute Kommunikation und Zusammenarbeit mit den relevanten Ämtern ist für die Betriebe jedoch wichtig. Denn diese kontrollieren letztlich die korrekte Umsetzung von Regeln kontrollieren oder überführen sogar selbst gesetzliche Vorgaben in konkrete Maßnahmen. Dies kann wiederum entscheidend für die Arbeitspraxis und Förderungshöhen der Landwirt*innen sein.

<u>Politische Regelungen und Vorgaben</u>: Dies ist eine der relevantesten Kategorien im Hinblick auf das Forschungsinteresse. Sie betrifft sämtliche politischen und gesetzlichen Rahmenbedingungen, welche Betriebe für geförderte Maßnahmen und (EU-)Programme einhalten müssen. Hier wurde von fast allen Interviewten mehrfach betont, dass die meisten Auflagen und Regularien sehr komplex, praxisfern, sinnlos oder wenig zielführend sind. Der massive bürokratische Aufwand gestaltet die korrekte Umsetzung der Vorgaben für die Landwirt*innen oft schwierig bis unmöglich. Dadurch kann es zu Anlastungen und letztlich Strafen in Form von Förderungskürzungen kommen. Dieses Risiko und die Komplexität im Allgemeinen führen dazu, dass viele vor allem kleinere Betriebe gar nicht erst an Naturschutzmaßnahmen oder Programmen teilnehmen.

<u>Ökonomische Faktoren</u>: In dieser Kategorie geht es in erster Linie um den Boom von Bioprodukten. Im Hinblick auf Nachhaltigkeit ist es positiv zu bewerten, dass biologische Landwirt-

schaft immer mehr nachgefragt wird und dadurch häufiger zum Einsatz kommt. Für die landwirtschaftlichen Betriebe kann dieser Boom jedoch zum Problem werden. Einerseits wird ein enormer Preisdruck auf die Landwirt*innen ausgeübt, wenn Discounterketten ins Biogeschäft einsteigen und große Mengen zu möglichst geringen Preisen fordern. Andererseits haben, je nach Standort, nicht alle Betriebe Zugang zu lukrativen Absatzmärkten für ihre Biowaren. Beispielsweise ist der Vertrieb von hochwertigem, aber auch hochpreisigem Biofleisch in Mecklenburg-Vorpommern sehr schwierig. Preisdruck und Absatzschwierigkeiten können also ein Grund sein, warum Betriebe nicht auf die nachhaltigere Form der Biolandwirtschaft bzw. -viehhaltung umsteigen.

<u>Soziale Faktoren</u>: Bei diesem Kernthema kommen sowohl negative als auch positive Aspekte zum Tragen. Positiv auf die Teilnahme an Biodiversitätsmaßnahmen und generell auf die Einstellung gegenüber Naturschutz kann sich gute Zusammenarbeit und Vernetzung untereinander auswirken. Wenn Landwirt*innen bei anderen Betrieben sehen, dass bestimmte Praktiken gut funktionieren und offen darüber gesprochen wird, kann das auf eigene Veränderungen der Betriebsstruktur motivierend wirken (SIEBERT et al. 2006: 330). Als negative Punkte wurden in den Interviews Druck von außen und ein schlechtes Image der Landwirtschaft genannt. Viele Landwirt*innen haben das Gefühl, dass die Gesellschaft sie eher als Verbrecher*innen anstatt als wichtigen Teil der Lebensmittelversorgung sieht. Unklar blieb allerdings, wie sich das letztlich auf das Verhalten der Landwirt*innen auswirkt. Es liegt die Vermutung nahe, dass dies bei manchen zu Resignation und noch mehr Demotivation führen kann (SIEBERT et al. 2006: 331f.). Bei anderen könnte es dagegen, in der Hoffnung auf gesellschaftliche Anerkennung und Wertschätzung, zu einer Veränderung hin zu nachhaltigeren Produktionsweisen führen, (SIEBERT et al. 2006: 326f.). Trotzdem sind diese Faktoren eher kritisch zu betrachten, da sie die intrinsische Motivation der Landwirt*innen und die Freude an ihrer Arbeit eher schwächen. Im schlechtesten Fall kann dies dazu führen, dass derartige Belastungen zu groß und immer mehr Betriebe aufgegeben werden.

<u>Intrinsische Faktoren</u>: Dieser Bereich umfasst die persönliche Einstellung und Motivation gegenüber Natur- und Biodiversitätsschutz sowie entsprechenden Maßnahmen. Einige der Befragten wiesen eine hohe Selbstmotivation und ein gesteigertes Umweltbewusstsein auf und setzten z.B. zusätzliche Maßnahmen auf eigene Kosten um. Solche Überzeugungen sind wichtig, da sich viele vor allem aufgrund ihrer intrinsischen Motivation für die biologische Vielfalt und naturverträgliche Produktionsweisen einsetzen, obwohl die äußeren Rahmenbedingungen teilweise hohe Hürden darstellen.

<u>Lösungsvorschläge</u>: Der letzte Themenkomplex beinhaltet Lösungsvorschläge und Aspekte,

bei denen sich die Befragten Verbesserungen wünschen würden. Eines der am häufigsten genannten Stichworte war Flexibilität. Mehr Flexibilität bei der Ausgestaltung und Umsetzung von Maßnahmen, flexiblere Zeiträume für bestimmte Aktivitäten wie dem Mähen und Maßnahmen sollten individueller auf die jeweiligen Anforderungen der verschiedenen Betriebe angepasst werden können. Damit geht einher, dass sich Programme und Maßnahmen an der tatsächlichen Praxis landwirtschaftlicher Betriebe und deren regionaler Naturausstattung orientieren sollten. Dies ist wiederum nur möglich, wenn Landnutzer*innen in die Gestaltung mit einbezogen werden und mehr mit ihnen kommuniziert wird. Ein Gesichtspunkt, der sich an die Flexibilität anschließt, ist das Thema Mittelwege. Auch dieses Stichwort wurde häufig genannt und meint, dass man sich nicht immer zwischen ausschließlich konventioneller oder biologischer Landwirtschaft entscheiden muss. Nach Ansicht der Befragten wäre es sinnvoller, wenn sie auch hier flexibler agieren könnten, um die Vorteile von beiden Anbauvarianten bestmöglich einzusetzen. Als letztes wurde mehrfach gefordert, dass Naturschutz in der Landwirtschaft zukünftig nur gut funktionieren kann, wenn dieser als Dienstleistung angesehen und entsprechend honoriert wird. Naturschutz und Landschaftspflege muss für Landnutzer*innen also zu einem tragfähigen Geschäftsmodell werden, um z.B. zu einem zweiten Standbein neben der klassischen Landwirtschaft zu werden. Die konkrete Ausgestaltung eines solchen Geschäftsmodells kann hier nicht im Detail besprochen werden, jedoch liegt es nahe, dass dies nur über entsprechende Anreize, also vor allem eine veränderte Subventions- und Förderstruktur funktionieren kann.

Veränderungen in den oben genannten Bereichen können zum Abbau von Barrieren und Stärkung der Motivation führen. Dies kann mehr Landwirt*innen den Zugang zu Biodiversitätsschutzmaßnahmen und -programmen erleichtern und sie zur Teilnahme bewegen.

Wenn das Gesagte aus den Interviews und die Erkenntnisse der Literaturrecherche verglichen werden, gibt es viele Gemeinsamkeiten aber auch kleinere Unterschiede. Es wird deutlich, dass ein sehr breites Spektrum darin besteht, was unter Natur- und Biodiversitätsschutz verstanden wird und wie dieser am besten umgesetzt werden sollte. Auch unter den Befragten bedeutet sinnvoller Naturschutz und biodiversitätsfördernde Maßnahmen für jede*n etwas anderes. Ebenso sehen es die Autor*innen AHNSTRÖM et al. Eine Verallgemeinerbarkeit von Ansichten ist demnach eher schwierig (AHNSTRÖM et al. 2009: 45). So vielfältig wie die verschiedenen Einstellungen der Hofbetreiber*innen, deren Arbeitspraktiken sowie Betriebsabläufe sind, so variabel und individuell müssten auch Programme und Maßnahmen gestaltet werden, um wirklich effektiv und zielführend wirken zu können. Das entscheidende Stichwort ist Flexibilität, welches sowohl von den meisten Befragten, als auch in der Literatur mehrfach erwähnt wird (SIEBERT et al. 2006: 332; KNOWLER/BRADSHAW 2007: 44). Die Literaturrecherche wie auch die Leitfadeninterviews haben zudem gezeigt, dass eine weitere entscheidende Schwierigkeit in der Komplexität der Regelungen und Förderprogramme besteht. Um diese Hürde abzubauen, ist es einerseits wichtig, die Komplexität an sich zu reduzieren, aber auch Beratung und Unterstützung für Landwirt*innen anzubieten. Dies können sinnvolle Maßnahmen sein, wie die Literatur darlegt, obwohl das Thema Unterstützung von keiner*m der Befragten explizit angesprochen wurde. „Erfahrungen in vielen Bundesländern zeigen, dass Landwirtinnen und Landwirte gerne bereit sind, Maßnahmen umzusetzen, aber es müssen die Rahmenbedingungen für die Umsetzung stimmen" (OPPERMANN et al. 2018: 54). Um diese Rahmenbedingungen entsprechend der Bedürfnisse anzupassen, bedarf es Dialog und Zusammenarbeit mit den Landwirt*innen, was mehrere Autor*innen bestätigen (BEEDELL/REHMAN 2000: 126; SIEBERT et al. 2006: 334). GREINER und GREGG haben herausgefunden, was auch bei den Interviews auffiel. Neben finanziellen Anreizen, besteht bei einigen Landwirt*innen durchaus eine große intrinsische Motivation sich für den Natur- und Artenerhalt einzusetzen (GREINER/GREGG 2011: 257). Gerade diese Menschen sollten in ihrer Einstellung und ihrem Tun bekräftigt, anstatt bestraft werden, wenn sie (formal gesehen) „Zuviel" Naturschutz betreiben, wie es bei zwei Betrieben der Fall war (C und E). Ein Unterschied zu den Erkenntnissen von GREINER und GREGG besteht in der Betrachtung von sozialen Faktoren. Die Autor*innen haben in ihrer Forschung herausgefunden, dass soziale Faktoren wenig Einfluss auf die Landnutzer*innen haben. In den Interviews hingegen waren Druck von außen und das Image in der Gesellschaft durchaus relevante Aspekte für das Handeln der Befragten, wenn auch eher als negativ empfunden. Es wird außerdem klar, dass viele Themenbereiche miteinander verknüpft sind und eigentlich nicht klar getrennt werden können. Ein Beispiel hierfür ist das Problem der unflexiblen Regelungen. Dies hängt einerseits mit den gesetzlichen Rahmenbedingungen zusammen, andererseits aber auch mit dem Verhalten der Behörden gegenüber den Betrieben.

4. Fazit und Ausblick

Um die Klimakrise und das nicht zu unterschätzende Fortschreiten des Artensterbens zu bremsen, ist eine umfangreiche Agrarwende notwendig. Hierfür braucht es sinnvolle und effektive Maßnahmen, die die Landwirtschaft nachhaltiger gestalten. Dafür ist es unabdingbar, dass die Landwirt*innen und Landnutzer*innen mit ins Boot geholt werden. Letztlich sind sie es nämlich, die die nötigen Veränderungen in der Praxis umsetzen müssen. Die Anwendung von naturerhaltenden und biodiversitätsfördernden Praktiken geht jedoch oft mit Schwierigkeiten für die Betriebe einher. Welche konkreten Faktoren die Übernahme nachhaltiger Landnutzungsformen hemmen oder fördern können, sollte mit dieser Fallstudie herausgearbeitet werden. Dafür wurden, neben einer Literaturrecherche, sieben Leitfadeninterviews bei verschiedenen landwirtschaftlichen Betrieben im Biodiversität-Hotspot 29 durchgeführt. Die Untersuchung hat gezeigt, dass vor allem bürokratische und organisatorische Hürden bei der Teilnahme an Förderprogrammen für mehr Nachhaltigkeit bestehen. Zudem erweisen sich Maßnahmen oft als nicht praktikabel für die Landwirt*innen. Auch finanzielle Ausgleiche sind im Verhältnis zum Aufwand häufig nicht ausreichend. Zwei weitere Kernfaktoren bestehen darin, dass sich Landwirt*innen von der Gesellschaft nicht genug wertgeschätzt und seitens der Politik nicht angemessen mit einbezogen fühlen. Die Hauptaufgabe besteht also darin, Biodiversitätsschutzmaßnahmen und -programme so zu gestalten, dass sie einerseits effektiv hinsichtlich Naturerhaltung, andererseits einfach in der Umsetzung sind und angemessen honoriert werden. Dies ist in erster Linie Aufgabe der Politik, da sie die gesetzlichen Rahmenbedingungen vorgibt und Fördergelder bereitstellt, sowohl auf nationaler als auch vor allem auf EU-Ebene. Die vorliegende Arbeit bietet einen ersten Einblick dafür, wo Ansatzpunkte für Verbesserungen aus Sicht von betroffenen Landwirtschaftsbetrieben bestehen. Wie zukünftige Maßnahmen und Programme im Detail aussehen oder Subventionen idealerweise verteilt werden sollten, muss durch weiterführende und breiter angelegte, quantitative als auch qualitative Forschung erarbeitet werden.

Literaturverzeichnis

AHNSTRÖM, J.; HÖCKERT, J.; BERGEÅ, H. L.; FRANCIS, C. A.; SKELTON, P.; HALLGREN, L. (2009): Farmers and nature conservation: What is known about attitudes, context factors and actions affecting conservation? Renewable Agriculture and Food Systems 24(1), 38–47.

BEEDELL, J.; REHMAN, T. (2000): Using social-psychology models to understand farmers' conservation behaviour. Journal of Rural Studies 16(1), 117–127.

BUNDESAMT FÜR NATURSCHUTZ (2021a): Detailkarte West. URL: https://biologische-vielfalt.bfn.de/fileadmin/NBS/documents/Bundesprogramm/2_Hotspots/Detailkarten/hotspots29_1.pdf (Abrufdatum: 12.09.2021).

BUNDESAMT FÜR NATURSCHUTZ (2021b): Detailkarte West. URL: https://biologische-vielfalt.bfn.de/fileadmin/NBS/documents/Bundesprogramm/2_Hotspots/Detailkarten/hotspots29_2.pdf (Abrufdatum: 12.09.2021).

BUNDESAMT FÜR NATURSCHUTZ (2021c): Was bedeutet "Biologische Vielfalt" bzw. "Biodiversität"?. URL: https://biologischevielfalt.bfn.de/infothek/biologische-vielfalt/begriffsbestimmung.html (Abrufdatum: 29.09.2021).

BUNDESAMT FÜR NATURSCHUTZ (2020): Hotspots der biologischen Vielfalt in Deutschland. URL: https://biologischevielfalt.bfn.de/bundesprogramm/foerderschwerpunkte/hotspots.html (Abrufdatum: 26.08.2021).

BUNDESMINISTERIUM FÜR ERNÄHRUNG UND LANDWIRTSCHAFT (2020): Grundzüge der Gemeinsamen Agrarpolitik (GAP) und ihrer Umsetzung in Deutschland. URL: https://www.bmel.de/DE/themen/landwirtschaft/eu-agrarpolitik-und-foerderung/gap/gap-nationale-umsetzung.html (Abrufdatum: 08.09.2021).

GREINER, R.; GREGG, D. (2011): Farmers' intrinsic motivations, barriers to the adoption of conservation practices and effectiveness of policy instruments: Empirical evidence from northern Australia. Land Use Policy 28(1), 257–265.

KLEINING, G. (1991): Methodologie und Geschichte qualitativer Sozialforschung. In: Flick, U.; Kardoff, E. von; Keupp, H.; Rosenstiel, L. von; Wolff, S. (Hrsg.): Handbuch qualitative Sozialforschung: Grundlagen, Konzepte, Methoden und Anwendungen. München: Beltz Verlag, 11–22.

KLÜTER, H. (2016): Die Landwirtschaft Mecklenburg-Vorpommerns im Vergleich mit anderen Bundesländern (= Greifswalder geographische Arbeiten 53). Greifswald: Institut für Geographie und Geologie der Universität Greifswald.

KNIERIM, A.; SIEBERT, R. (2005): Förderung des Biodiversitätsschutzes durch Landwirte - eine Analyse des aktuellen Wissensstands. In: Hagedorn, K.; Nagel, U. J.; Odening, M. (Hrsg.): Umwelt- und Produktqualität im Agrarbereich (= Schriften der Gesellschaft für Wirtschafts- und Sozialwissenschaften des Landbaues e.V 40). Münster: Gesellschaft für Wirtschafts- und Sozialwissenschaften des Landbaues e.V., 489–500.

KNOWLER, D.; BRADSHAW, B. (2007): Farmers' adoption of conservation agriculture: A review and synthesis of recent research. Food Policy 32(1), 25–48.

OPPERMANN, R.; SUTCLIFFE, L.; WIERSBINSKI, N. (Hrsg.) (2018): Beratung für Natur und Landwirtschaft. Endbericht zum F+E-Vorhaben "Naturschutzberatung in der neuen Förderperiode der GAP" (= BfN-Skripten 479). Bonn: Bundesamt für Naturschutz.

OSTSEESTIFTUNG (2020): Vorhabenbeschreibung. Vernetzte Vielfalt an der Schatzküste - Vorpommersche Boddenlandschaft und Rostocker Heide - Hotspot 29 (BPBV 02-383). Greifswald: Naturschutzstiftung Deutsche Ostsee OSTSEESTIFTUNG.

OSTSEESTIFTUNG (2021): Projektgebiet und Landschaften. URL: https://schatz-küste.com/projektgebiet-und-landschaften/ (Abrufdatum: 22.10.2021).

SATTLER, C.; NAGEL, U. J. (2008): Factors affecting farmers' acceptance of conservation measures—A case study from north-eastern Germany. Land Use Policy 27(1), 70–77.

SIEBERT, R.; TOOGOOD, M.; KNIERIM, A. (2006): Factors Affecting European Farmers' Participation in Biodiversity Policies. Sociologia Ruralis 46(4), 318–340.

STRÜBING, J. (2018): Qualitative Sozialforschung. Eine komprimierte Einführung. 2., überarbeitete und erweiterte Auflage. Berlin, Boston: De Gruyter.

UMWELTBUNDESAMT (2021): Nachhaltige Landnutzung. URL: https://www.umweltbundesamt.at/umweltthemen/nachhaltigkeit/nh-landnutzung (Abrufdatum: 29.09.2021).

WORLD RESOURCES INSTITUTE (2021): Agriculture. Drivers of Emissions. URL: https://www.climatewatchdata.org/sectors/agriculture (Abrufdatum: 26.08.2021).

ZINNGREBE, Y.; PE'ER, G.; SCHUELER, S.; SCHMITT, J.; SCHMIDT, J.; LAKNER, S. (2017): The EU's ecological focus areas – How experts explain farmers' choices in Germany. Land Use Policy 65(1), 93–108.

Weiterführende Literatur

ESPINOSA-GODED, M.; BARREIRO-HURLÉ, J.; DUPRAZ, P. (2013): Identifying additional barriers in the adoption of agri-environmental schemes: The role of fixed costs. Land Use Policy 31(1), 526–535.

ESPINOSA-GODED, M.; BARREIRO-HURLÉ, J.; RUTO, E. (2010): What Do Farmers Want From Agri-Environmental Scheme Design? A Choice Experiment Approach. Journal of Agricultural Economics 61(2), 259–273.

INGRAM, J.; GASKELL, P.; MILLS, J.; SHORT, C. (2013): Incorporating agri-environment schemes into farm development pathways: A temporal analysis of farmer motivations. Land Use Policy 31, 267–279.

JOORMANN, I.; SCHMIDT, T. G. (2017): F.R.A.N.Z.-Studie – Hindernisse und Perspektiven für mehr Biodiversität in der Agrarlandschaft (= Thünen Working Paper 75). Braunschweig: Johann Heinrich von Thünen-Institut.

LASTRA-BRAVO, X. B.; HUBBARD, C.; GARROD, G.; TOLÓN-BECERRA, A. (2015): What drives farmers' participation in EU agri-environmental schemes?: Results from a qualitative meta-analysis. Environmental Science & Policy 54(7), 1–9.

RYAN, R. L.; ERICKSON, D. L.; YOUNG, R. DE (2003): Farmers' Motivations for Adopting Conservation Practices along Riparian Zones in a Mid-western Agricultural Watershed. Journal of Environmental Planning and Management 46(1), 19–37.

SCHULZ, N.; BREUSTEDT, G.; LATACZ-LOHMANN, U. (2014): Assessing Farmers' Willingness to Accept "Greening": Insights from a Discrete Choice Experiment in Germany. Journal of Agricultural Economics 65(1), 26–48.

Anhang

Fragebogen zur Erhebung von Barrieren/ Motivation von Landwirt*innen
(Pretest Juni 2021)

Ziele: Basisinformationen erfassen, Verständnis der Wahrnehmung von Landschaft, Biodiversität, und dem eigenen Einfluss bei Landwirt*innen gewinnen

<u>Allgemein</u>

Betriebsform & -struktur (Größe, Mitarbeiter*innen, Haupt-/ Nebenerwerb, Was wird produziert?)

Betriebsgeschichte: geerbt, gekauft, gepachtet….

Rolle Interviewpartner*in (trifft Entscheidungen allein, ist angestellt…)

A) <u>Biodiversität</u>

1. Wie würden Sie die Landschaft beschreiben, in der Sie leben? Was zeichnet diese aus?
2. Was bedeutet biologische Vielfalt für Sie? Womit verbinden Sie diesen Begriff?
3. Welchen Einfluss haben Sie auf die regionale biologische Vielfalt?

B) <u>Maßnahmen, Barrieren & Motivation</u>

4. Welche Maßnahmen sind besonders gut für den Erhalt von biologischer Vielfalt?
5. Machen Sie bereits etwas davon?
6. Welche Maßnahmen sind aus Ihrer Perspektive weniger förderlich für den Erhalt von biologischer Vielfalt?
7. Was davon ließe sich vermeiden?
8. Würden Sie gern mehr zum Erhalt/der Förderung von biologischer Vielfalt beitragen?
9. Hindert Sie etwas daran, (mehr) Maßnahmen umzusetzen?
10. Was würde Ihnen helfen, (mehr) Maßnahmen umzusetzen?

C) <u>Bisherige Erfahrungen</u>

11. Was sind die größten Herausforderungen für Sie als Landwirt*in?
12. Hat sich Ihre Umwelt verändert, seit Sie hier wirtschaften? Welchen Einfluss hat das auf Ihre Bewirtschaftung?
13. Haben Sie bereits Erfahrungen mit Naturschutz/Biodiversitätsschutzinitiativen gemacht (staatlich, Verbände, privat)?